Sitzungsberichte
der Akademie der Wissenschaften
der DDR
Mathematik – Naturwissenschaften – Technik

8 N

1982

J. Wieting / R. Mikut

Sekundärrohstoff-einsatz

AKADEMIE-VERLAG · BERLIN

THEORIA CUM PRAXI

Sitzungsberichte
der Akademie der Wissenschaften
der DDR
Mathematik — Naturwissenschaften — Technik

Jahrgang 1982 · Nr. 8/N

J. Wieting/R. Mikut

Sekundärrohstoffeinsatz

AKADEMIE-VERLAG · BERLIN
1982

Vorträge gehalten vor der Klasse Werkstofforschung
am 20. 11. 1980 und 12. 3. 1981

Herausgegeben im Auftrage
des Präsidenten der Akademie
der Wissenschaften der DDR
von Vizepräsident Prof. Dr. Heinrich Scheel

ISSN 0138—3956
Erschienen im Akademie-Verlag, DDR-1086 Berlin, Leipziger Str. 3—4

Lizenznummer: 202 · 100/64/82
Gesamtherstellung: VEB Druckhaus Köthen
Bestellnummer: 763 101 0 (2010/82/8/N) LSV 3015
Printed in GDR
DDR 4,50 M

Inhalt

Jochen Wieting

Probleme des Sekundärrohstoffeinsatzes — Einfluß von Spurenelementen auf die Eigenschaften von Stählen

Die Einsatzbedingungen metallischer Werkstoffe, insbesondere auch der Stähle, sind durch eine immer komplexer werdende Beanspruchung gekennzeichnet:

Der Leichtbau erfordert höhere Festigkeiten, schwingende Beanspruchung kann zur Ermüdung des Materials führen, statische (einsinnige) oder Wechselbelastung in korrosiver Umgebung zur Spannungs- bzw. Schwingungsrißkorrosion. Aus diesen komplexen Beanspruchungsbedingungen resultiert u. a. die Forderung nach einem erhöhten Veredlungsgrad metallurgischer Erzeugnisse, wie sie z. B. kürzlich wieder in der Direktive zur Ausarbeitung des Fünfjahrplans erhoben wurde und wozu das Politbüro des ZK der SED entsprechende Beschlüsse gefaßt hat.

Dieser Forderung steht zunächst entgegen, daß durch einen verstärkten Einsatz von Sekundärrohstoffen (Schrott) der Anteil solcher Spuren- und Begleitelemente, die wegen ihrer gegenüber Eisen geringeren Oxydationsneigung metallurgisch praktisch nicht beeinflußbar sind, z. B. Sn, Sb, As, Cu, Ni, ständig ansteigt. Andererseits ist der Einsatz von Schrott nicht nur zur Deckung des Rohstoffbedarfs erforderlich, sondern auch der spezifische Energieverbrauch ist erheblich niedriger als bei der Herstellung von Stahl aus Primärrohstoffen.

Die Probleme, die sich aus dem ständigen Ansteigen des Gehalts an Spuren- und Begleitelementen im Stahl hinsichtlich dessen Verarbeitungs- und Gebrauchseigenschaften ergeben, sind nicht spezifisch für die Metallurgie in der DDR, wenngleich sie hier aufgrund der Rohstoffsituation in absehbarer Zeit besonders ausgeprägt in Erscheinung treten werden. Weltweit sind in den letzten Jahren verstärkte Anstrengungen sowohl auf dem Gebiet der physikalischen und werkstoffkundlichen Grundlagenforschung als auch der technologischen Verfahrensforschung festzustellen, die einerseits die Abwendung möglicher negativer Einflüsse auf die Eigenschaften, andererseits die Organisation eines optimalen Kreislaufs und Einsatzes der Rohstoffe zum Ziel haben.

Besonders gravierend ist das Ansteigen der Gehalte an Cu und Sn. So erhöhte sich z. B. in britischen Stahlwerken der Cu-Gehalt in Elektrostählen von durchschnittlich 0,15% 1965 auf 0,25% 1975 [1]. Eine ähnliche Entwicklung vollzog sich in den letzten Jahren in den Stahlwerken der DDR, die einen hohen Schrotteinsatz haben. Ein Gehalt von 0,3% Cu ist derzeit die in Standards festgelegte obere zulässige Grenze bei Betonstählen und einem großen Teil der Baustähle.

Einen Eindruck vom Gehalt verschiedener Schrottsorten an Spuren- und Begleitelementen vermittelt folgenden Übersicht [2]: (in m-%)

	Cr	Ni	Cu	Sn
Roheisen	0,02	0,015	0,011	0,005
Auswahlschrott	0,03	0,04	0,06	0,007
Schr. von Neuproduktion	0,11	0,11	0,13	0,014
schw. Großschrott	0,11	0,15	0,25	0,025
zerkl. Schrott	0,08	0,14	0,26	0,036
Preßschrott (Auto)	0,13	0,18	0,51	0,049
Ballen Kl. 5	0,13	0,16	0,68	0,073

Aufgrund der Verfügbarkeit und der Notwendigkeit von Importen wird bei der Elektrostahlerzeugung in der DDR ein großer Anteil der letzten beiden Klassen eingesetzt. Selbst wenn ausschließlich Rücklaufschrott aus der stahlherstellenden bzw. verarbeitenden Industrie, der i. a. sortenrein anfällt, eingesetzt würde, würde sich der Gehalt an Spuren- und Begleitelementen in ca. 3—4 Jahren verdoppeln, wenn mit einer Rücklaufzeit von 2—3 Monaten und einem Eisenverlust durch Oxydation von 3—4% gerechnet wird (Begleitelemente bleiben wegen ihrer größeren Oxydationsbeständigkeit erhalten) [3].

Derzeit werden in der Metallurgie der DDR beim Überschreiten zulässiger Grenzwerte bei hochwertigen Stahlmarken entweder Abwertungen, d. h. Abguß der entsprechenden Chargen als geringwertige Baustähle oder Verdünnen mit direkt reduzierten Eisenpellets (NSW-Import) vorgenommen. Beide Wege sind mit hohen ökonomischen und Produktivitätsverlusten verbunden und bei Massenstählen in größerem Umfang nicht gangbar.

Eine Begründung für die in Standards angegebenen maximalen Gehalte an bestimmten Spuren- und Begleitelementen ist heute in den meisten Fällen nicht mehr angebbar. Die teils seit Jahrzehnten bestehende Limitierung kann ursprünglich auf Erfahrungswerten beruhen, sie ist in anderen Fällen durch Übertragung auf neu entwickelte Stahlmarken oder durch Übernahme aus Lieferbedingungen einzelner Stahlwerke zustande gekommen. Es ist heute bekannt, daß der Einfluß von Spurenelementen auf die Herstellungs- und Gebrauchseigenschaften von Stählen, aber auch anderen metallischen Werkstoffen, in komplexer Weise von ihrer Gesamtzusammensetzung und den angewendeten technologischen Parametern bei ihrer Herstellung abhängig ist. Durch den technischen Fortschritt der letzten Jahre sind aber gerade bei letzteren entscheidende Veränderungen eingetreten (Elektro- und Konverterstahl gegenüber Siemens-Martin-Stahl, Strangguß gegenüber Blockguß, Erhöhung der Umformgeschwindigkeiten auf Walzstraßen, aber auch Änderungen bei der Verarbeitung, z. B. Schweißverfahren).

Unter Berücksichtigung des sich abzeichnenden Trends bezüglich des Gehalts an Spuren- und Begleitelementen ist es daher erforderlich, wissenschaftlich begründete zulässige Grenzwerte zu erarbeiten. Dabei ist davon auszugehen, daß wir mit den Spurenelementen leben müssen, d. h., der Stahl soll nicht so rein wie möglich sein, sondern er muß so rein wie nötig sein, wie es nämlich notwendig ist, um unter den konkreten Beanspruchungsbedingungen die erforderlichen Eigenschaften zu garantieren. Um diesen Weg zu realisieren, muß man die Wirkungsmechanismen der Spurenelemente sowie die Bedingungen (technologisch) ihrer Wirksamkeit kennen.

Spurenelemente unterscheiden sich von den sonstigen, in technischen Werkstoffen stets vorhandenen Verunreinigungen dadurch, daß sie bereits in kleinsten Mengen einen sehr großen Einfluß auf die Eigenschaften dieser Stoffe haben können. Im Stahl sind es z. B.

S (frei), Pb, Bi	$\geq$	10 ppm
P, Sb, Sn, As	$>$	100 ppm
Cu, Cr, Ni, Mo	$>$	1000 ppm

Bei homogener Verteilung dieser Elemente ist ihre Wirkung nur gering. Bedingung für ihre Wirksamkeit ist eine hochgradig inhomogene Verteilung, d. h. ihre Anreicherung z. B. an Versetzungen oder inneren und äußeren Grenzflächen noch im gelösten Zustand. Als Ausscheidungen in der metallischen Matrix ist ihr Einfluß i. a. wieder gering. Dagegen können bereits Segregationen von weniger als einer Monolage dazu führen, daß Korngrenzen soweit geschwächt werden, daß sie bei mechanischer Beanspruchung vorzeitig aufbrechen — die hauptsächliche Ursache des interkristallinen Bruchs.

Die negative Wirkung von Spurenelementen in Stählen läßt sich, so weit heute bekannt, auf drei Grundmechanismen zurückführen:

1. Beeinflussung der Umwandlungskinetik und damit des Umwandlungsgefüges,
2. Anreicherung als flüssige Phase an der Oberfläche und Eindringen entlang von Korngrenzen in das Metall — Flüssigmetallversprödung,
3. Segregation an Korngrenzen — interkristalline Versprödung.

1. Umwandlungsverhalten

Zunehmende Gehalte an Cu, Ni und Cr erhöhen die Festigkeit z. B. von C—Mn—Stählen [4]. In *Abb. 1* ist für eine Stahlmarke, deren Zusammensetzung ähnlich der von Betonstählen ist, der Zusammenhang zwischen Dehnung und Zugfestigkeit für 3 unterschiedliche Abmessungen (Durchhärtung) und 3 Begleitelementniveaus (Summe Cr + Ni + Cu + Sn für A — 0,59%; B — 0,85%; C — 1,25%) dargestellt. Es zeigt sich, daß die Dehnung eindeutig nur von der Zugfestigkeit bestimmt wird (bekanntes Verhalten: zunehmende Festigkeit bedingt verringerte Duktilität), gleichgültig wodurch letztere bedingt ist. Analoges gilt bezüglich des Zusammenhanges zwischen Zähigkeit (Übergangstemperatur spröd-duktil) und Festigkeit. Metallographische Untersuchungen ergaben, daß die mit der Abkühlgeschwindigkeit oder dem Begleitelementgehalt steigende Festigkeit auf zunehmende Anteile von

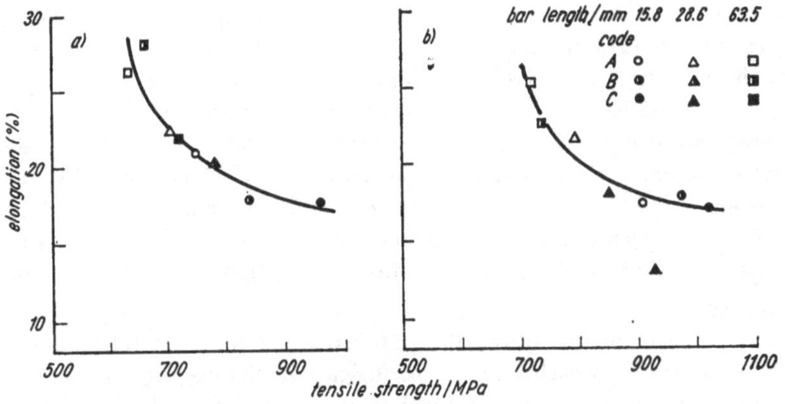

Abb. 1 Die Beziehung Zugfestigkeit—Dehnung für a) 0,3% C—Mn — bzw. b) 0,36% C—Mn—B—Stahl nach 860 °C — Ölabschrecken — 550 °C Anlassen. 3 unterschiedliche Abmessungen [4]

Bainit und Martensit im Gefüge zurückzuführen ist. Das bedeutet, daß ein erhöhter Gehalt an den genannten Elementen bei der Gesamtbilanz an Legierungselementen (Mn, C) zu berücksichtigen ist, um die gewünschten Festigkeiten einstellen zu können. Ein negativer Einfluß auf die Gebrauchseigenschaften ist dann bezüglich Zähigkeit und Duktilität nicht mehr zu erwarten.

Hierbei ist allerdings zu berücksichtigen, daß die Untersuchungen wahrscheinlich nicht an Proben mit walzroher Oberfläche durchgeführt wurden, Beton- und teilweise auch Baustähle jedoch in diesem Zustand eingesetzt werden. Untersuchungen zum Einfluß einer durch Flüssigmetallversprödung geschädigten Oberfläche auf die Gebrauchseigenschaften sind nicht bekannt.

2. Flüssigmetallversprödung

Die Erscheinung der Rotbrüchigkeit ist bekannt, seitdem der Mensch Eisen und Stahl produziert. Bereits Ende des 1. Jahrhunderts unserer Zeitrechnung hat Plinius in seiner Naturgeschichte auf die Kupferhaltigkeit rotbrüchiger Eisensorten hingewiesen. Der Kupfergehalt dieses Eisens ist so hoch, daß die Löslichkeit überschritten und Kupfer zusammen mit Schwefel an den Korngrenzen ausgeschieden wird. Bei Warmformgebungstemperaturen ist diese Phase flüssig und verursacht eine Dekohäsion, die bei mechanischer Beanspruchung zum Bruch führt. Der durchschnittliche Kupfergehalt heutiger Stähle liegt allerdings weit unterhalb der Löslichkeitsgrenze (9% bei 1200 °C), und Schwefel wird metallurgisch beherrscht. Ein negativer Einfluß des Kupfers auf die Warmformbarkeit über diesen Wirkungsmechanismus ist also nur zu erwarten, wenn es hochgradig inhomogen verteilt ist, z. B. durch Primärseigerungen im Gußblock oder, was praktisch von größerer Bedeutung sein dürfte, durch Anreicherung an der Oberfläche des Materials. Eine solche Anreicherung kann dadurch hervorgerufen werden, daß Eisen bei hohen

Temperaturen selektiv oxydiert wird und oxydationsbeständigere Elemente wie Cu, Ni, Sn und Sb unterhalb der Zunderschicht beim Überschreiten der Löslichkeit im Austenit einen flüssigen Film bilden, der entlang der Korngrenzen in das Metall eindringt, und einen Kohäsionsverlust bewirkt [3]. In gewissem Umfang ist diese Oberflächenversprödung, die einen Qualitätsverlust darstellt und die Gebrauchseigenschaften beeinträchtigen kann, durch Steuerung des Oxydationsprozesses über Ofenatmosphäre, Glüh- bzw. Walztemperaturen und Haltezeiten zu reduzieren. Nähere Untersuchungen hierzu, bei denen die unterschiedlichen Zusammensetzungen der einzelnen Stahlmarken zu berücksichtigen sind, sind bisher nicht bekannt.

3. Spurenelementsegregation an Korngrenzen

Abgesehen von den bereits dargestellten Mechanismen bewirken substitutionell gelöste Fremdatome in Metallen nur geringfügige quantitative Eigenschaftsänderungen. Insbesondere stellen innere Grenzflächen unter diesen Bedingungen keine Schwachstellen im Material dar. Korngrenzen z. B. tragen im Gegenteil zur Erhöhung der Festigkeit (Hall-Petch-Beziehung) und Zähigkeit bei. Diese Situation kann sich jedoch grundlegend ändern, wenn die Verteilung der Begleitelemente durch starke Wechselwirkung mit gittereigenen Defekten, insbesondere Grenzflächen, und anderen Begleit- oder Legierungselementen hochgradig inhomogen wird. Die Belastbarkeit von Konstruktionswerkstoffen wird dann häufig durch interkristallinen Bruch begrenzt, der allgemein auf vier Ursachen zurückgeführt werden kann:

— Korngrenzenausscheidungen
— Fremdelementsegregation ohne zweite Phase
— Umgebungseinfluß (z. B. interkristalline Korrosion)
— Leerstellenkoagulation (Hochtemperaturkriechen).

Jede dieser Ursachen kann für sich zum Korngrenzenbruch führen. Besonders starke Einflüsse auf das mechanische Verhalten werden jedoch bei kombinierter Wirkung beobachtet, z. B.

— Beschleunigte Leerstellenkoagulation an Korngrenzen bei durch Spurenelemente verringerter Oberflächenspannung.
— Überproportionale Abnahme der Beständigkeit gegen Spannungsrißkorrosion niedriglegierter Stähle im anlaßversprödeten Zustand — *Abb. 2* [5].

Im Folgenden sollen daher einige Bedingungen und Prozesse dargestellt werden, die die chemische Zusammensetzung von Korngrenzen bestimmen. Dabei soll vor allem gezeigt werden, daß ein eindeutiger Zusammenhang zwischen dem durchschnittlichen Gehalt einzelner Spurenelemente und den mechanischen Eigenschaften, speziell dem Bruchverhalten, nicht existiert. Diese werden vielmehr in komplexer Weise vom Gehalt aller Legierungs- und Begleitelemente und von der Vorgeschichte des Materials, d. h. von der Herstellungs- und Verarbeitungstechnologie, bestimmt.

In technischen Werkstoffen gibt es eine Reihe von Elementen, die eine starke Bindung gegenüber Korngrenzen aufweisen. Sie werden als grenzflächenaktive Spurenelemente bezeichnet. Ein Teil dieser Elemente setzt dabei die Kohäsion in

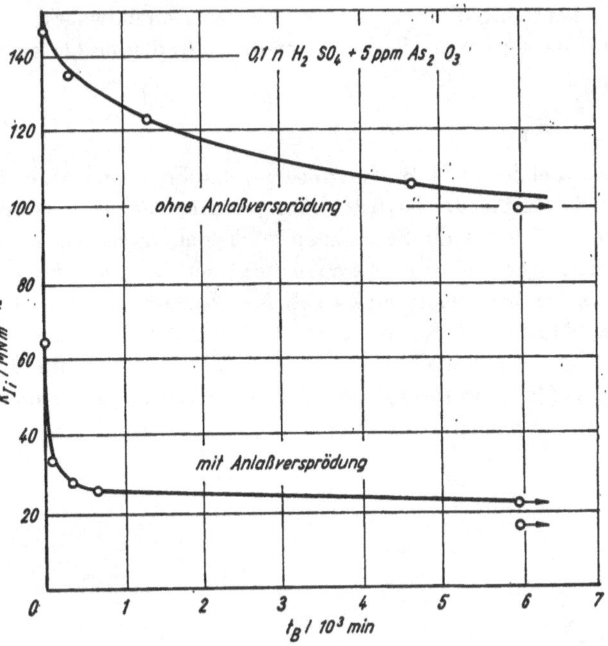

Abb. 2 Einfluß der Anlaßversprödung auf die Spannungsrißkorrosion von HY 130 nach [5]

diesen Flächen herab. In Stählen sind das z. B. Sn, Pb, N, P, As, Sb, Si, S, Se und Te; andere wie B, C und wahrscheinlich Ti und Seltene Erden nicht (positiv wirkende Spurenelemente). Eine Reihe weiterer Begleitelemente wie Ni, Mn, Cr und Cu segregieren zwar selbst nicht, da sie im Eisen keine oder nur eine geringe Bindungsenergie an Grenzflächen besitzen. Ist jedoch ihre Wechselwirkung mit grenzflächenaktiven Spurenelementen stark, so werden sie zusammen mit diesen an Grenzflächen angereichert, was letztlich zu einer Verstärkung des Segregationsgrades auch der Spurenelemente führt.

In verdünnten Lösungen, das bedeutet, daß keine Wechselwirkung zwischen den gelösten Atomen vorliegt, wird die Anreicherung eines Spurenelements an Korngrenzen vielfach nach McLean durch die Beziehung

$$C_{KG} = \frac{C_M \cdot \exp(\Delta G/kT)}{1 + C_M \exp(\Delta G/kT)} \tag{1}$$

beschrieben. Die freie Bindungsenthalpie des betreffenden Elements an die Korngrenze ΔG wird i. a. gleich der Bindungsenergie B_0 gesetzt. Sie beträgt bei Spurenelementen zwischen etwa 0,4 und 1,0 eV. Die Voraussetzung der verdünnten Lösung ist jedoch in den meisten Fällen an der Korngrenze nicht mehr gegeben, und damit wird die Bindungsenergie selbst konzentrationsabhängig. Eine erste Näherung hierfür nimmt eine konstante Bindungsenergie zwischen Paaren benachbarter Atome an und führt auf die sogenannte Fowler-Guggenheim-Isotherme bei quasichemischer Näherung bei der

$$\Delta G \approx B = B_0 + \alpha C_{KG} \tag{2}$$

gesetzt wird [6]. B_0 bedeutet jetzt die Bindungsenergie des Fremdatoms an die reine Korngrenze. Im Falle anziehender Wechselwirkung zwischen den in der Korngrenze gelösten Atomen ($\alpha > 0$) ist die Segregation stärker als in Systemen mit idealer Lösung, d. h., die Korngrenzenkonzentration steigt mit der Matrixkonzentration steiler an, *Abb. 3.* Darüber hinaus ergibt sich für Elemente und Temperaturen mit $\alpha/kT \geq 4$ eine Mischungslücke zwischen einer matrixatomreichen und einer spurenelementreichen zweidimensionalen „Phase" in der Korngrenze. Die Grenzkonzentration $C_M(G)$ für einen sprunghaften Übergang von einem niedrigen Segregationsgrad auf einen hohen ist gegeben durch

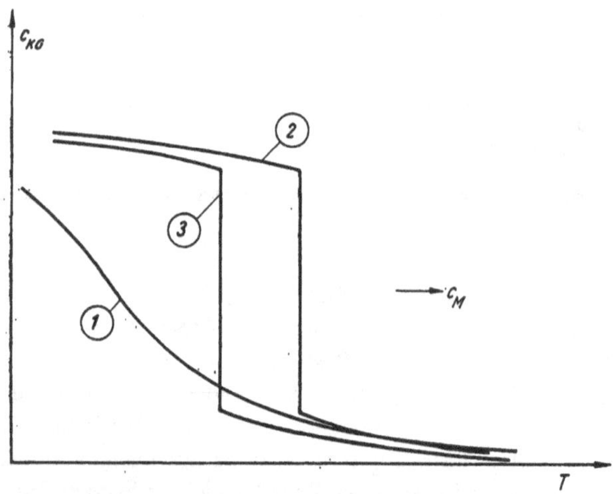

Abb. 3 Temperaturabhängigkeit der Korngrenzenkonzentration
1. ohne Selbstwechselwirkung $\alpha = 0$
2. mit Selbstwechselwirkung bei $\alpha = 4$ kt
3. verkleinertes B_0

$$C_M(G) = \exp\left[-(B_0 + \alpha/2)/kT\right]. \tag{3}$$

Geht man davon aus, daß hohe Korngrenzenkonzentrationen die mechanischen Eigenschaften drastisch verschlechtern, so ist hierdurch gleichzeitig die obere zulässige Grenzkonzentration (temperaturabhängig) gegeben, oberhalb der es zur interkristallinen Versprödung der Metalle kommen kann.

Zum Verständnis des Segregationsverhaltens der Spurenelemente in Stählen bedarf dieses Grundmodell noch einiger Erweiterungen.

1. Die Bindungsenergie B_0 ist noch abhängig vom Orientierungsunterschied benachbarter Kristallite, so daß der Sprung der Korngrenzenkonzentration im thermodynamischen Gleichgewicht bei unterschiedlichen Matrixkonzentrationen bzw. bei unterschiedlichen Temperaturen erfolgt. Zum Beispiel zeigt die Bor-Segregation im Nickel hohe bzw. geringe Anreicherungen an unterschiedlich orientierten Korngrenzen.
2. Untersuchungen im Zusammenhang mit der reversiblen Anlaßversprödung niedriglegierter Stähle haben gezeigt, daß gemeinsam mit den Spurenelementen auch metallische Begleit- und Legierungselemente segregieren, von denen normalerweise keine oder nur eine geringe Wechselwirkung mit Korngrenzen erwartet werden kann. *Abb. 4* zeigt z. B. den Zusammenhang zwischen der Spurenelementkonzentration und der Nickelkonzentration auf interkristallinen Bruchflächen eines Stahls mit 0,4% C, 3,5% Ni und 1,7% Cr [7]. Ursache für diese Kosegregation ist eine starke Wechselwirkung (Bindung) zwischen den Spurenelement- und den Nickelatomen. Durch diese Bindung induzieren die Spurenelemente eine Segregation normalerweise nicht grenzflächenaktiver Elemente, wobei gleichzeitig ihr eigener Segregationsgrad in ähnlicher Weise wie bei der Selbstwechselwirkung erhöht wird. Die Bindungsenergie für jedes der beiden Elemente i und j wird bestimmt durch je eine Gleichung der Form (1) mit

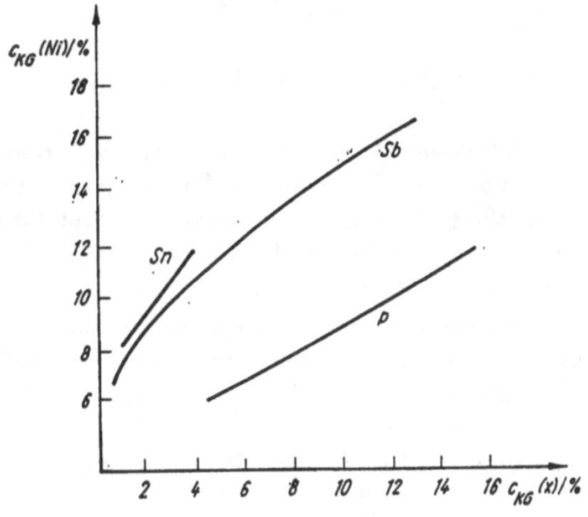

Abb. 4 Kosegregation in niedriglegierten Stählen [7]

$$B^{(i)} = B_0^{(i)} + \alpha_{ij} C_{KG}^{(j)} \tag{4}$$

Auf der Grundlage der Ergebnisse in [8] und [9] wurde die Temperaturabhängigkeit der Sb-Konzentration in der Korngrenze bei unterschiedlichem Nickelgehalt und einer Durchschnittskonzentration von 300 ppm Sb im Eisen berechnet, *Abb. 5*. Auch hier tritt ein Konzentrationsprung von einem Sb-armen Zustand bei hohen

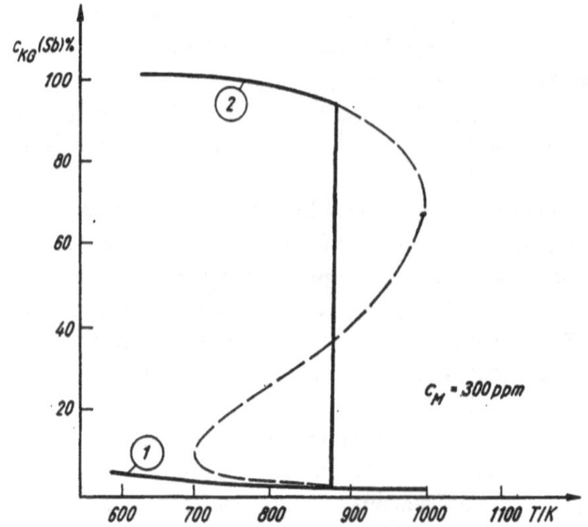

Abb. 5 Berechnete Temperaturabhängigkeit der Sb-Konzentration in der Korngrenze für
1. 0% Ni
2. 3,6% Ni

Temperaturen in einen Sb-reichen bei tiefen Temperaturen auf, der zur interkristallinen Versprödung führt.

Ähnliches Verhalten wie bei der Kombination Sb—Ni in Fe wird auf Grund ihrer Wechselwirkungsenergien von den Kombinationen Sn—Ni, Sb—Mn und P—Cr erwartet. Der Wertebereich für den Wechselwirkungskoeffizienten α_{ij} liegt hier etwa zwischen 0,5 und 1,5 eV [8]. Bei geringeren Wechselwirkungen wird das Segregationsverhalten der Spurenelemente durch Begleit- oder Legierungselemente praktisch nicht beeinflußt. Bei höheren Werten ist das Erscheinungsbild komplex, weil die Löslichkeitsgrenze für die Spurenelemente soweit herabgesetzt wird, daß Ausscheidungen auftreten. Das sei am Beispiel der Kombination P—Cu in Fe erläutert.

Die Löslichkeitsgrenze für Phosphor im ternären Fe—Cu—P-System ist gegeben durch

$$C_L^{(P)} = \frac{\exp\left[\Delta G_{Fe_3P}/kT\right]}{\{1 + (\exp[\alpha/_{4kT}] - 1)C^{Cu}\}^3} \qquad (5)$$

Aus Gl. (1), (4) und (5) können die entsprechenden Korngrenzenkonzentrationen berechnet werden. Für $C^{(P)} = 500$ ppm, $\alpha = 1{,}95$ eV [8], $B_0^P = 0{,}36$ eV und $B_0^{Cu} \approx 0$ sowie unterschiedliche Cu-Gehalte ergeben sich die in *Abb. 6* dargestellten Kurven. Für große Kupferkonzentrationen wird bereits bei hohen Tempera-

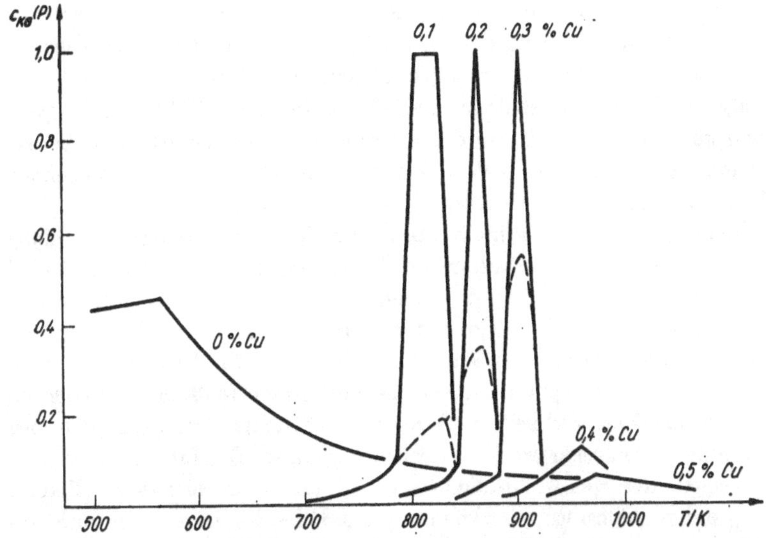

Abb. 6 Berechnete Temperaturabhängigkeit der P-Segregation (C_M = 500 ppm) für unterschiedliche Cu-Konzentrationen. Gestrichelt: Bei Berücksichtigung der Segregationskinetik (schematisch)

turen ein großer Teil des Phosphors als Cu_3P in der Matrix ausgeschieden. Der Rest ist bei tieferen Temperaturen nicht mehr in der Lage, wirksame Anreicherungen aufzubauen. Liegt der Kupfergehalt niedriger, segregiert Phosphor bereits bei mittleren Temperaturen (500°C) beträchtlich. Ein weiteres Absenken der Temperatur bewirkt daher Korngrenzenausscheidungen mit u. U. ebenfalls negativem Einfluß auf die mechanischen Eigenschaften. Bei noch geringeren Kupferkonzentrationen ist hier zwar die Segregation dominierend, jedoch vollzieht sich die Einstellung des thermodynamischen Gleichgewichts so langsam, daß derart hohe Anreicherungen praktisch nicht mehr erreicht werden. Berücksichtigt man die Segregationskinetik, erhält man die in *Abb. 6* gestrichelt eingetragenen Anreicherungsgrade (schematisch).

Das dargestellte Verhalten erklärt, daß z. B. korrosionsträge Stähle mit Kupfergehalten um 0,4% und hohen Phosphorgehalten durchaus gute mechanische Eigenschaften besitzen können, dagegen andere Stahlmarken mit mittleren Kupfer- und Phosphorkonzentrationen als Verunreinigungen einen erheblichen Abfall an Zähigkeit und Duktilität nach bestimmten Wärmebehandlungen aufweisen.

3. Die bisher betrachteten Segregationsprozesse waren dadurch gekennzeichnet, daß die Einstellung des thermodynamischen Gleichgewichtszustandes als treibende Kraft wirkt. Sie werden daher auch als Gleichgewichtssegregationen bezeichnet. Daneben gibt es Segregationsmechanismen, die durch strukturelle Umordnungen

bestimmt werden, wobei die entstehenden Anreicherungen metastabile Zustände darstellen, bei denen die Konzentration an der Korngrenze den Gleichgewichtswert bei der betreffenden Temperatur erheblich überschreiten kann. Sie werden daher als Nichtgleichgewichtssegregationen bezeichnet. Derartige Nichtgleichgewichtssegregationen können verursacht sein durch Erholungs- und Rekristallisations- sowie Ausscheidungsvorgänge und stehen daher in unmittelbarem Zusammenhang mit dem Verarbeitungsprozeß der Stähle.

Grenzflächenaktive Spurenelemente besitzen eine ähnlich starke Wechselwirkung auch mit anderen Eigendefekten (Leerstellen, Versetzungen) des Kristallgitters und werden bei deren Ausheilung mit zu den Senken (z. B. Korngrenzen) transportiert.

Ein anderer Nichtgleichgewichtssegregationsmechanismus ist mit der Primärrekristallisation verbunden [10]. Verursacht durch die starke Bindung an Versetzungen, ist die Löslichkeit der Spurenelemente im verformten Material höher als im rekristallisierten, die Beweglichkeiten (Diffusionskoeffizienten) unterscheiden sich bei diesen Temperaturen sogar um 5—6 Größenordnungen. Das führt dazu, daß sie beim Fortschreiten der Rekristallisationsfront vor dieser im verformten Bereich angereichert werden. Nährungsweise können die sich bei linearem Wachstum aufbauenden Konzentrationsprofile berechnet werden. *Abb. 7* zeigt die Fremdatomver-

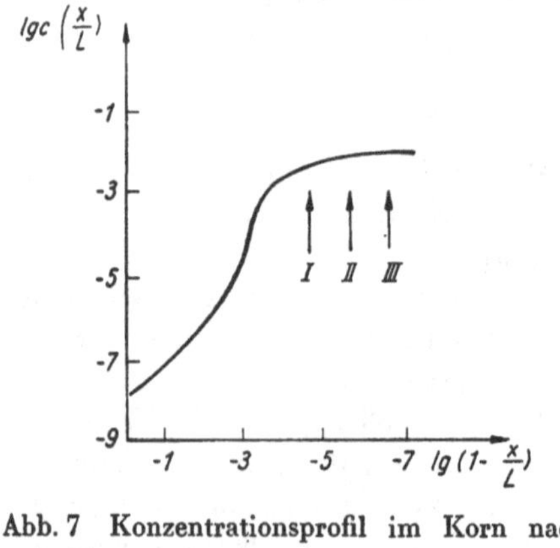

Abb. 7 Konzentrationsprofil im Korn nach der Primärrekristallisation. Erläuterung siehe Text

teilung für eine Durchschnittskonzentration von 1 ppm, einen Volumenanteil der Versetzungen $V = 10^{-3}$ und unterschiedliche Anreicherungsgrade $Z = \exp(B/kT)$ an die Versetzungen in Abhängigkeit vom Rekristallisationsgrad $^x/L$. I, II und III bezeichnen die Werte $(1 - {^x/L})$, bei denen für 10, 100 bzw. 1000 μm Korngröße der Abstand zwischen der Rekristallisationsfront und deren Endlage ($^x/L = 1$) kleiner als ein Atomabstand wird. Es zeigt sich, daß je nach Korngröße in einer Breite von 10 bis 1000 Atomabständen von der Korngrenze eine um den Faktor 10^3 bis 10^4 höhere Konzentration als im Durchschnitt vorliegt. Auf diesem hohen Konzentrationsniveau in der weiteren Umgebung der Korngrenze wird nun die für die Rekristallisationstemperatur charakteristische Segregation in der Korngrenze aufgebaut. Daher ist dann der Segregationsgrad C_{KG}/C_0 auch bei höheren Temperaturen noch erheblich.

Während zum Abbau der nur wenige Atomabstände betragenden Segregationen in der Korngrenze im anlaßversprödeten Zustand (Gleichgewichtssegregation) Kurzzeitglühungen bei Temperaturen um 650 °C ausreichend sind, sind für den Diffusionsausgleich der Anreicherungen nach Primärrekristallisation in der weiteren Umgebung der Korngrenzen erheblich längere Glühzeiten bzw. höhere Temperaturen erforderlich, *Abb. 8*.

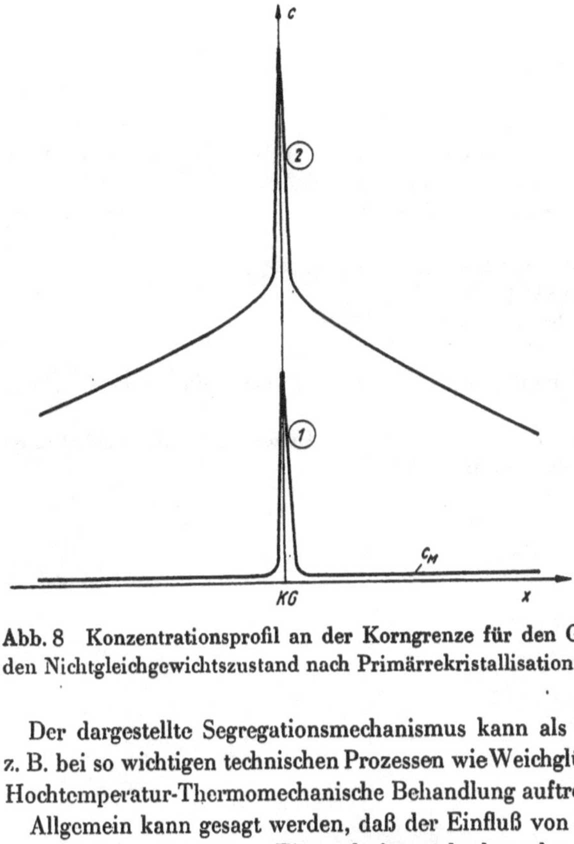

Abb. 8 Konzentrationsprofil an der Korngrenze für den Gleichgewichtszustand (1) und den Nichtgleichgewichtszustand nach Primärrekristallisation (2) schematisch

Der dargestellte Segregationsmechanismus kann als Ursache einer Versprödung z. B. bei so wichtigen technischen Prozessen wie Weichglühen, Warmumformung und Hochtemperatur-Thermomechanische Behandlung auftreten.

Allgemein kann gesagt werden, daß der Einfluß von Spuren- und Begleitelementen auf die mechanischen Eigenschaften sehr komplex ist und durchaus nicht nur von der Konzentration einzelner Elemente abhängt. Seine Beherrschung ist ein Optimierungsproblem. Unter Berücksichtigung von Aufwand und gewünschtem Eigenschaftsspektrum kann die Begrenzung des Gehalts negativ wirkender Elemente, das Mikrolegieren mit positiv wirkenden Elementen und eine Veränderung der Umformtechnologie (Zeit-Temperatur-Umformregime, Glühatmosphäre) einzeln oder in Kombination zur Lösung des Problems führen. Dabei ist die Kenntnis der grundlegenden Wechselwirkungsmechanismen unerläßlich. Wenn auch heute noch nicht alle Zusammenhänge aufgeklärt sind und insbesondere Parameter für quantitative Berechnungen fehlen, so ist der gegenwärtige Kenntnisstand doch hinreichend, um bereits in einer ganzen Reihe von Anwendungsfällen Grundlagenerkenntnisse auf diesem Gebiet wirksam zu nutzen.

Es besteht heute die begründete Hoffnung, daß die Probleme, die sich aus der Mehrfachnutzung der vorhandenen Rohstoffe ergeben, gelöst werden können und daß damit der hohe volkswirtschaftliche Nutzen aus der Verwendung von Sekundärrohstoffen voll wirksam wird.

Literatur

[1] Sachs, K.: Metals Technology (**1979**) 33.

[2] Hartley, A. J., P. Eastburn, N. Leece: Phil. Trans. R. Soc. Lond. A **295** (1980) 45.

[3] Melford, D. A.: Phil. Trans. R. Soc. Lond. A **295** (1980) 89.

[4] Llewellyn, D. T., J. B. Marriott, D. J. Naylor, G. Thewlis: Phil. Trans. R. Soc. Lond. A **295** (1980) 69.

[5] Yoshino, K., C. J. McMahon, Jr.: Met. Trans **5** (1974) 363.

[6] Guttmann, M.: Met. Trans **8A** (1977) 1383.

[7] McMahon, C. J., Jr.: Mat. Sci. Eng. **25** (1976) 233.

[8] Guttmann, M.: Met. Science (1976) 337.

[9] Mulford, R. A., C. J. McMahon, Jr., D. P. Pope, G. C. Feng: Met. Trans. **7A** (1976) 1269.

[10] Beyer, B., J. Wieting: 5. Internat. Symposium „Reinstoffe in Wissenschaft und Technik“ Dresden 1980, Poster-Abstr. S. 430.

Reinhard Mikut

Sekundärrohstoffverwertung bei der Plastverarbeitung

1. Einleitung

Es ist ein Gebot der Vernunft — und nicht etwa nur ein Ausdruck der Suche nach Ersatzmöglichkeiten für unzureichend verfügbare Mengen an polymeren Werkstoffen —, wenn sich weltweit erhebliche Forschungspotentiale mit den Möglichkeiten der noch intensiveren Nutzung organischer Sekundärrohstoffe befassen, da jedes Kilogramm Plastformteil einem Äquivalent von etwa 2 kg Erdöl bzw. 14 kWh Energie entspricht [1]. Die mit der wachsenden Produktionsmenge an Plasterzeugnissen verbundenen ökologischen Probleme waren bereits ein stark strapaziertes Thema für düstere Zukunftsvisionen westlicher Futurologen, die genau ausrechneten, wie schnell eine wachsende Schicht von Plastmüll die Industriestaaten überdecken wird. Die rasche Entwicklung und industrielle Nutzung von technologischen Lösungen für die Verwertung organischer Sekundärrohstoffe führt ganz im Gegensatz dazu, daß bereits heute einige leicht verarbeitbare Plastabfallarten schwer verfügbar sind und in unserer Republik sogar der Bilanzierung unterliegen.

Hauptaufgabe weiterführender Forschungsarbeiten ist die Schaffung von Voraussetzungen für die volkswirtschaftlich sinnvolle Wiederverwendung möglichst aller Arten von Plastabfällen, wozu die Fachliteratur vielfältige Lösungsansätze enthält. Eine guten Überblick ermöglicht der vom Wissenschaftlichen Informationszentrum der AdW 1978 zusammengestellte Literaturbericht „Verwertung von Plasten und Altreifen" [2]. Die Gewichtigkeit dieser Thematik kommt auch in der zunehmenden Anzahl von speziellen Fachtagungen auf internationaler und nationaler Ebene zum Ausdruck. Beispiele hierfür sind das von der Wirtschaftskommission für Europa der UNESCO 1978 in Dresden durchgeführte Seminar „Wiederholte Verwertung hochpolymerer Abfälle" sowie die von der TH Leuna-Merseburg und vom Kombinat Chemische Werke Buna im November 1980 erstmalig veranstaltete Tagung „Nutzung polymerer Sekundärrohstoffe".

Auch wenn Anfangserfolge bei der Nutzung von Plastabfällen zu verzeichnen sind, kann doch die gegenwärtige Situation noch keineswegs befriedigen. Im Vergleich mit dem Stand der Erfassung und dem Einsatz von metallischen Sekundärrohstoffen, von Behälterglas, Altpapier oder Alttextilien sind bei Plastabfällen erheblich größere Reserven nicht erschlossen. Stimulierend auf diesen Entwicklungsprozeß wirken neue Verordnungen zur Erfassungspflicht, veränderte Standards und

Preise, mit denen vor allem auch psychologische Barrieren überwunden werden sollen.

2. *Aufkommen*

Die Weltproduktion von Plastwerkstoffen liegt gegenwärtig in der Größenordnung von etwa 50 Mio t/a. Hinzu kommen noch etwa 8 Mio t/a thermoplastische Synthesefaserstoffe, die teilweise in die Wiederaufbereitung thermoplastischer Sekundärrohstoffe einfließen. In der DDR wird die Plastwerkstoffproduktion bald die Menge von 1 Mio t/a erreichen. Bei den thermoplastischen Polyester-, Polyamid- und Polyolefin-Faserstoffen beträgt der erreichte Stand etwa 110 kt/a.

Exakte und vollständige Angaben über den möglichen Rücklauf von Plastabfällen sind leider noch nicht verfügbar. Nach der früher in der DDR verbindlichen Anordnung zur Erfassung, Bilanzierung und Verwertung von Thermoplastabfällen (GBl. I/26/1976) galten grundsätzlich als Thermoplastabfälle nur solche verwertbaren Abfälle der einzelnen Plastarten, die an der Anfallstelle nicht im eigenen Produktionskreislauf wiederverwendet werden können. Neben den infolge dieser Definition nicht erfaßten Produktionsabfällen liegt der gegenwärtige Verwertungsumfang thermoplastischer Sekundärrohstoffe mit etwa 30 kt/a in der DDR weit unter den Möglichkeiten [3, 4]. Es kann aber davon ausgegangen werden, daß mit der zielstrebigen Umsetzung der Beschlüsse von Partei und Regierung eine Verbesserung der Erfassungs- und Aufbereitungssituation in der DDR bereits im laufenden Fünfjahrplan eintritt.

Plastabfälle treten auf

1. bei der Herstellung der Plastwerkstoffe, z. B. als technologisch unvermeidbare Anfahrchargen;
2. bei der Plastwerkstoffverarbeitung zu Halbzeugen (Folien, Rohre, Profile) oder Fertigerzeugnissen, z. B. in Form von Angüssen, Preßgrat, Ausschußteilen, Randbeschnitt, Spänen;
3. im Bereich der gesellschaftlichen Konsumtion, z. B. verschlissene Transportbehälter, Abdeck- oder Verpackungsfolien;
4. in den Haushalten als Verpackungsmaterial oder kurzlebige Konsumgüter, die in der DDR etwa 2% des Siedlungsmülls [2] ausmachen.

Thermoplastabfälle aus der ersten und zweiten Verarbeitungsstufe können bei sortenreiner Erfassung und Vermeidung von Verschmutzungen zu etwa 80 bis 90% wiederverwendet werden. Die Verwertung ist entweder direkt im Anfallbetrieb oder in den bereits vorhandenen und weiter auszubauenden Aufbereitungsbetrieben möglich. Nach sehr unsicheren Schätzungen umfassen diese Verarbeitungsabfälle in der DDR etwa eine Menge von 50 kt/a [7].

Große Reserven bestehen in der Verwertung von Abfällen aus der gesellschaftlichen Konsumtionssphäre, die in einer Menge von etwa 40 kt/a [7] häufig stark verschmutzt und durch Alterungsprozesse geschädigt anfallen. Für die Nutzung derartiger Abfälle werden gegenwärtig eine Reihe von zentralisierten Aufbereitungskapazitäten aufgebaut bzw. vorbereitet. Nach Untersuchungen des Instituts für Leichtbau und ökonomische Verwendung von Werkstoffen [4] haben z. B. Milchflaschenkästen eine Lebensdauer von maximal 9 bis 11 Jahren. Vom Ministerium für chemische Industrie der DDR wurde kürzlich herausgestellt [3], daß im Bereich des Einzelhandels ca. 10 kt großvolumige Plastbehälter (z. B. Flaschenkästen) als nicht erfaßter Abfall lagern, die zu mindestens 50% wiederverwertbar sind.

Von der TH Leuna-Merseburg durchgeführte Untersuchungen [5] haben ergeben, daß in der DDR z. Zt. jährlich etwa 40 bis 50 kt vermischte Plastabfälle in den Siedlungsmüll wandern. Davon könnten mindestens 20% über eine geeignete Erfassung als Sekundärrohstoff gewonnen werden.

In Tab. 1 sind einige ausgewählte Beispiele für Plastabfälle angeführt, wobei zwischen sortenreinen und vermischten Thermoplasten bzw. Duroplasten unterschieden wird. Diese können relativ sauber oder verschmutzt sein bzw. zunehmend auch als Verbundmaterial mit eingelagerten oder aufkaschierten Komponenten anfallen, z. B. anorganischen Füllstoffen wie Kreide, Glas- oder andere Verstärkungsfasern, Aluminium- oder Papierbeschichtung, Aufdrucken usw.

Tabelle 1 Ausgewählte Beispiele für Plastabfälle

polymere Hauptkomponente	Begleitkomponente ohne[1]	Schmutz	Füll- bzw. Verstärkungsmaterial
sortenrein thermoplastisch	Angüsse, Ausschußteile	Gartenbaufolie, Transportbehälter	Kunstlederrandstreifen, Teile aus glasfaserverstärktem Polyamid
vermischt thermoplastisch	Abfälle d. Verbundfolienherstellung	Plastabfälle aus Müll	Plastabfälle aus Müll
sortenrein duroplastisch	Abfälle aus ungefüllten Preßmassen	verbrauchtes Duroplastgeschirr	Abfälle aus GUP oder PF-Schichtpreßstoffen
vermischt duroplastisch		Duroplastabfälle aus Müll	Sprelacart-Abfälle

[1] außer Farbstoffen, Stabilisatoren u. a. Verarbeitungshilfsmitteln

Es ist zu erkennen, daß sich aus der sehr unterschiedlichen Form der Abfälle differenzierte Anforderungen an die Erfassungsorganisation sowie die Aufbereitungs- und Verarbeitungstechnologie ergeben. Als relativ einfach ist die Aufbereitung kompakter, sortenreiner, unverschmutzter, thermoplastischer Produktionsabfälle einzustufen, die bei Verfügbarkeit geeigneter Zerkleinerungsmaschinen in einem quasi geschlossenen Kreislauf dem Formgebungsprozeß unmittelbar wieder zugegeben werden können. Anspruchsvolle Aufgaben haben der Technologe und der Maschinenbauer zu lösen, wenn stark verunreinigte, vermischte, voluminöse Abfallarten zu verwerten sind. Bereits hieraus ist ersichtlich, daß die Steigerung des Verwertungsgrades thermoplastischer Sekundärrohstoffe nicht nur ein ideologisches und organisatorisches Problem darstellt, sondern wissenschaftlich-technische Grundlagen und vor allem die stärkere Einordnung spezifischer Entwicklungsaufgaben beim Verarbeitungsmaschinenbau erfordert.

Hinsichtlich der Duroplastabfälle ist das Aufkommen wesentlich geringer. Nach Recherchen der Erzeugnisgruppe „Duroplast-Halbzeuge" [6] fallen in der DDR jährlich die in Tab. 2 genannten Mengen als technologisch bedingter Produktionsabfall an. Für diese Duroplastabfallarten gibt es gegenwärtig in der DDR keine Verwertung, so daß sie auf Halde verkippt werden müssen.

Tabelle 2 Duroplastische Produktionsabfälle in der DDR (in t/a nach [6])

Abfallart	1978	1985
Dekorative und technische Schichtpreßstoffabfälle mit PF- und MF-Matrix, z. B. Hartgewebe, Hartpapier technologisch bedingter Abfallanteil 10 bis 25% je nach Erzeugnisart	2460	2825...3025
GUP-Abfälle 7,5% Abfallanteil	1140	1310...1400
Trägermaterialien u. Trennpapiere mit Harz getränkt	1530	1755...1880
Laminierharzabfälle, schlammartig bis fest	740	850... 910
Preßmassenabfälle	> 1000	

3. *Schädigungsmechanismen und Störfaktoren bei der Aufbereitung von Thermoplastabfällen unter Nutzung ihres thermoplastischen Verhaltens*

In Abb. 1 wird zunächst in vereinfachter Form dargestellt, welche Grundoperationen im allgemeinen bei der thermoplastischen Verarbeitung notwendig sind, wobei diese vielfach über speziell ausgerüstete Verarbeitungsmaschinen miteinander verknüpft sind. Je nach Reinheit des Sekundärthermoplastes ist ein mehr oder weniger großer Aufwand erforderlich, der die Wirtschaftlichkeit zumindest aus betrieblicher Sicht in Frage stellen kann. Insbesondere die rechts herausgezogenen Prozeßstufen wirken kostensteigernd, da sie mit erhöhtem Aufwand an lebendiger Arbeit(manuelles Sortieren), an Energie (z. B. Trocknen) und Investitionen (Reinigungsanlagen) verbunden sind.

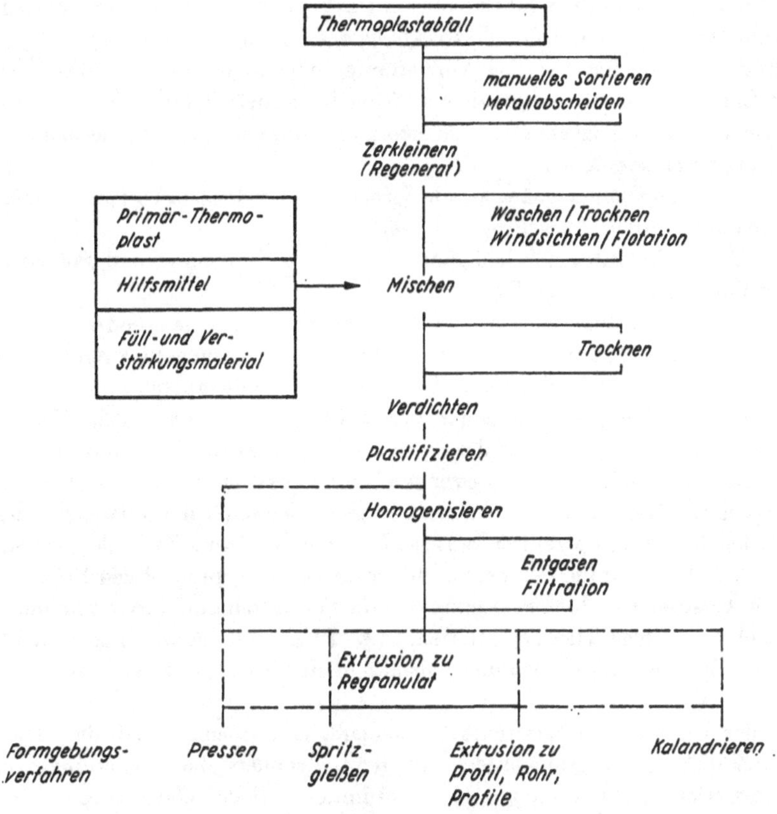

Abb. 1 Grundoperationen bei der Verwertung von Thermoplastabfällen (statt Profile, lies Folie)

3.1. Sortenreine, unverschmutzte Abfälle

Für die Aufbereitung sortenreiner und schmutzfreier Thermoplastabfälle zu Regenerat über Zerkleinerung stückiger Abfälle, zu Agglomerat über Sinterprozesse bei sehr voluminösen Abfällen oder zu Regranulat über den Extrusionsprozeß sind ausgereifte technische Lösungen seit längerer Zeit verfügbar. Die nach diesen Verfahren erhaltenen Regenerate, Agglomerate oder Regranulate werden nach den üblichen Formgebungsverfahren weiterverarbeitet, häufig auch in Anteilen bis zu etwa 30 oder maximal 50% in Mischung mit Primärthermoplasten sowie mit weiteren Zuschlagstoffen (Hilfsmittel, Füll- und Verstärkungsmaterial).

Die Herstellung eines Regranulates als Zwischenprodukt kann bei Direktformgebung umgangen werden, wenn über eine ausreichende Verdichtung des zugeführten Materials ein stabiler Druckaufbau vor dem Formgebungswerkzeug gewährleistet ist, keine wesentlichen Schwankungen im Fließverhalten der thermoplastischen Schmelze auftreten und eine Vortrocknung des Abfallmaterials erfolgte.

Das Entfernen von Feuchte über Vortrocknung oder in gewissen Grenzen auch über die Entgasung der thermoplastischen Schmelze mittels Vakuumeinrichtungen und spezieller Schneckengeometrien hat aus zwei Gründen bei der Thermoplastverarbeitung besondere Bedeutung:

1. Vermeidung von Qualitätsmängeln am Formkörper wie Blasen, Lunkern, Silberschlieren usw.
2. Gefahr der hydrolytischen Schädigung, die z. B. bei Polyamid und Polyethylenterephthalat besonders groß ist.

Generell ist bei der Verarbeitung von Thermoplasten auf eine schonende Temperaturführung zu achten, um einen Abbau oder auch Vernetzungseffekte möglichst zu vermeiden. Das betrifft einerseits die Höhe der Wandtemperatur in den beheizten Maschinenelementen, die unter Berücksichtigung der schlechten Wärmeleitfähigkeit der Thermoplaste und der durch Reibung entstehenden Wärmeenergie sorgfältig auf den jeweils aufzuschmelzenden Thermoplasttyp in häufig sehr engen Toleranzgrenzen abgestimmt werden muß. Zugleich beinflußt die Verweilzeit des Materials bei hohen Temperaturen entscheidend die Geschwindigkeit der Abbauprozesse, weshalb die Aufheiztemperaturen zonenweise entsprechend den Erfordernissen des Aufschmelz-, Homogenisierungs- und Formgebungsprozesses minimiert werden müssen. Einige Thermoplastarten (z. B. PVC) sind thermisch so instabil, daß nur mit Zugabe von Verarbeitungshilfsmitteln eine Schädigung verhindert werden kann.

Diese hier nur sehr kurz gestreifte Problematik läßt erkennen, daß die Mehrfachverarbeitung von Thermoplasten und ganz besonders die Verwertung von Rücklaufmaterialien, die während der Konsumtionsperiode häufig bereits über natürliche Alterungsprozesse teilweise geschädigt sind, zu mehr oder weniger großen Qualitätsverlusten führen kann. Wie von einem Autorenkollektiv der überbetrieblichen Arbeitsgemeinschaft „Plastabfallverwertung“ kürzlich mitgeteilt wurde [4], sind bei werkstoffgerechter fünfmaliger Spritzgußverarbeitung ausgewählter Polyethylen-, Polypropylen-, Polystyren-, ABS- und Polyamidtypen unter Laborbedingungen noch keine signifikanten Veränderungen in den mechanischen Eigenschaften von Prüfkörpern erkennbar, wobei sich allerdings hinsichtlich der Fließfähigkeit bereits zum Teil Veränderungen durch Kettenabbau und Vernetzungsreaktionen zeigen. Nach Literaturaussagen sind bei den meisten Thermoplasten erst ab zehnmaliger Verarbeitung deutliche Verschlechterungen in den mechanischen Eigenschaften zu erwarten.

Ein Sonderfall ist die Wiederverwertung faserverstärkter Thermoplastabfälle, insbesondere glasfaserverstärkter Typen, da bei der Mehrfachverarbeitung durch Scherkräfte ein schneller Abbau der Faserlänge erfolgt und damit der Verstärkungseffekt reduziert wird. Aus glasfaserverstärkten Thermoplasten werden bereits nach wenigen Verarbeitungszyklen glaspulvergefüllte Typen [4].

Unter den sortenreinen, unverschmutzten Thermoplastabfällen sind die technologisch bedingten Abfälle der Polyamid- und Polyesterfaserstoffherstellung bzw. der textilen Weiterverarbeitung wegen ihrer geringen Schüttdichte und der fehlenden Rieselfähigkeit sowie wegen der bereits erwähnten Hydrolyseempfindlichkeit am schwierigsten zu verarbeiten. In der DDR haben wir seit längerer Zeit hier einen erfreulich guten Stand erreicht, zumal sich auch unser Plastverarbeitungsmaschinenbau gegenwärtig intensiv mit der Entwicklung spezieller Verarbeitungsanlagen befaßt. Regranulat aus PA 6 wird bereits seit etwa 1973 in vielen Betrieben zur Herstellung von Spritzgußteilen verwendet [4]. Für Abfälle aus der Herstellung von Polyesterfaserstoffen sowie Magnetbandträgermaterialien wurde vom VEB Chemiefaserkombinat Schwarza über die Verarbeitung zu einer spleißfähigen Polymermischungsfolie nach dem Florofol-Verfahren eine zweckmäßige Lösung gefunden, die eine Verwertung der Abfälle im eigenen Industriezweig gestattet und zugleich zur Substitution von Faserstoff- bzw. Garnimporten führt.

3.2. Sortenreine, verschmutzte Thermoplastabfälle

Kleine Anteile an Schmutz können über Schmelzefiltration bei der Extrusion entfernt werden. Bei großen Schmutzanteilen reichen die hierfür verwendeten technischen Lösungen nicht aus. Es ist deshalb international üblich, die vorzerkleinerten Abfälle über Waschanlagen mit nachfolgenden Trocknungseinrichtungen vor der Regranulierung zu reinigen. Derartige Anlagen sind z. Z. aus eigener Produktion nicht verfügbar. Hierbei ist zu berücksichtigen, daß Polyolefine und Plastschäume eine Dichte unter 1 g/cm^3 besitzen und folglich auf Wasser schwimmen. Damit ergibt sich die Streitfrage, ob

1. kosten- und energieintensive Waschregranulieranlagen an einigen zentralen Standorten zu errichten sind oder ob
2. die Wirksamkeit der Schmelzefiltrationseinrichtungen für Extrusionsanlagen gesteigert werden kann bzw. ob
3. generell auf eine intensive Vorreinigung stark verschmutzter Thermoplastabfälle verzichtet werden sollte und der Schmutz als inaktiver Füllstoff im Sekundär-Plastwerkstoff zu betrachten ist.

Der erste und zweite Weg werden mit der Möglichkeit der Rückgewinnung von weitgehend den Primärthermoplasten entsprechenden Sekundärwerkstoffen begründet, was allerdings die garantiert sortenreine Typenerfassung voraussetzt. Beim zweiten und dritten Weg sind wegen der abrasiven Wirkung von anorganischen Schmutzpartikeln höhere Anforderungen an die Verschleißbeständigkeit der Verarbeitungsaggregate zu stellen. Die dritte Variante begrenzt wegen des stärker beinflußten Eigenschaftsbildes der Sekundärwerkstoffe die Applikationsbreite, besonders im Hinblick auf die verschlechterte Schlagzähigkeit und das Aussehen der Erzeugnisse bei allerdings vergrößerter Steifigkeit. Die weitgehende Nutzung stärker verschmutzter Thermoplastabfälle wird nicht ohne Verzicht auf die dritte Alternative realisierbar sein. Das gilt gleichfalls für verschmutzte Thermoplastabfallgemische.

3.3. Vermischte, verschmutzte Thermoplastabfälle

Bei vermischten Thermoplastabfällen sind nachfolgende Arten zu unterscheiden:

1. Gemische aus verschiedenen Thermoplasttypen, die in der Komposition nicht zur Entmischung neigen;
2. Gemische aus nicht oder schlecht miteinander „verträglichen" Thermoplasttypen;
3. Mischungen aus mehreren Thermoplastarten mit zusätzlichen nichtthermoplastischen Komponenten, wobei hierunter verschiedene anorganische oder organische Begleitsubstanzen wie Füllstoffe, Verstärkungsfasern, aufkaschierte Metallfolien oder Papierschichten, duroplastische Verschlußkappen auf Flaschen usw. zu verstehen sind. Diese 3. Gruppe wird insbesondere bei der Aufbereitung von Haushaltabfällen zu erwarten sein.

Über den Schmelzezustand verarbeitete Mischungen aus verschiedenen Thermoplastarten bilden in den meisten Fällen keine stabilen homogenen Systeme, sondern Mehrphasensysteme aus homopolymeren Bezirken mit unterschiedlicher Größenordnung. Der Dispersionsgrad der Polymermischung wird in erheblichem Maße von den technologischen Bedingungen der Mischungsherstellung, von den viskoelastischen Eigenschaften der Mischungskomponenten und den Grenzflächenspannungen zwischen den Phasen bestimmt. Die Morphologie der Phasen sowie ihre Wechselwirkung unter thermischer und mechanischer Langzeitbeanspruchung bestimmen entscheidend die Werkstoffeigenschaften.

Mit Hilfe der Gleichgewichtsthermodynamik von Polymermischungen, die sich vor allem auf die Arbeiten von Flory und Huggins stützt (siehe z. B. [8]), können heute die Möglichkeiten und Grenzen der Ausbildung stabiler und homogener Polymermischungen qualitativ und zum Teil auch halbquantitativ abgeschätzt werden. Thermoplaste mit starken Unterschieden in den Löslichkeitsparametern führen zu inhomogenen Mischungen. Wirken zwischen den Molekülen eines Thermoplasttyps starke Wasserstoffbrückenbindungen (wie z. B. beim Polyamid), so ist die Mischbarkeit mit unpolaren Thermoplasten (z. B. Polyethylen) erschwert.

Es ist folglich leicht zu erkennen, daß bereits die Herstellung von hochwertigen Thermoplastmischungen aus definierten Ausgangskomponenten schwierig und gegenwärtig noch weltweit ein Forschungsschwerpunkt der Polymermodifizierung ist (siehe z. B. [9]). So wird unter anderem über die Einlagerung von mikroheterogenen Weichkomponenten in eine spröde Matrix die Schlagzähigkeit verbessert. Voraussetzung für das Erreichen einer hohen Absorption der Schlagenergie ist eine gute Haftung der dispersen Weichphase an der umgebenden Matrix. Für eine starke Kopplung der Phasen werden deshalb den Mischungen Block- oder Pfropfcopolymere zugegeben, die sich aus den Mischungskomponenten zusammensetzen. Eine andere Variante ist die Zugabe von Peroxiden, um eine chemische Vernetzung zu erreichen.

Bei den noch komplizierteren Gemischen aus undefinierten Thermoplastabfällen versucht man seit längerer Zeit ähnliche Wege zu gehen. Als Weichphase mit verträglichkeitsverbessernder Wirkung über funktionelle Gruppen wurden insbesondere chloriertes Polyethylen (CPE) und Ethylen-Vinylacetat-Copolymere (EVA) erprobt, wobei in der DDR u. a. vom Kombinat VEB Chemische Werke Buna [10] über diesbezügliche Untersuchungen berichtet wurde. Die Zugabe von EVA oder CPE ermöglicht zwar die teilweise Anhebung des mechanischen Eigenschaftsniveaus, vor allem der Schlagzähigkeit, wodurch aber noch nicht ein Sekundär-Thermoplastwerkstoff für höhere Ansprüche erhalten wird. Es ist zu berücksichtigen, daß wirkungsvolle Haftvermittler und andere Zusatzstoffe meist nur begrenzt verfügbar und häufig sehr kostenaufwendig sind, weshalb anwendungsorientierte Rezepturoptimierungen im Ergebnis einer Gebrauchswert-Kosten-Analyse entscheidende Bedeutung besitzen.

Ein weiteres wichtiges Problem resultiert aus den unterschiedlichen Temperaturbereichen, in den die einzelnen Thermoplastarten plastisch verformbar und in denen sie ausreichend beständig gegenüber thermischer Schädigung sind. Abb. 2 demonstriert für die am häufigsten eingesetzten Primär-Thermoplaste die üblichen Temperatureinstellungen in den einzelnen Heizzonen eines Extruders (nach [11]). Es ist zu erkennen, daß sowohl in der Temperaturhöhe als auch im Charakter der Temperaturführung erhebliche Unterschiede auftreten. Besonders kritisch ist dabei PVC, da die Verarbeitung relativ dicht unter dem Zersetzungsbereich erfolgen muß.

Es liegt auf der Hand, daß sich bei der Verarbeitung vermischter Thermoplastabfälle aus diesem breit gespreizten Temperaturbereich Homogenisierungsschwierigkeiten und thermische Schädigungen einzelner Mischungskomponenten ergeben müssen. Hinzu kommt, daß die Thermoplastabfälle bereits durch den natürlichen Alterungsprozeß im Gebrauch meist eine geringere thermische Beständigkeit aufweisen und daß die einzelnen Typen innerhalb jeder Thermoplastart hinsichtlich des Fließverhaltens der Schmelze z. T. beträchtliche Unterschiede aufweisen. Daraus folgt, daß die Aufbereitung vermischter Thermoplastabfälle über die Schmelze mit großen Unsicherheiten in der Prozeßführung verbunden ist. Die Struktur der Formkörper ist häufig durch einen Schichtenaufbau ohne ausreichende Haftung zwischen den Phasen gekennzeichnet.

Zur Lösung dieser Problematik der Verarbeitung vermischter Abfälle sind vor allem 6 Alternativen denkbar:

1. Feinstzerkleinerung der vermischten Abfälle unter eine Korngröße von 0,5 mm mit anschließender Verarbeitung unterhalb des Zersetzungsbereiches von PVC, wobei die bereits aufgeschmolzenen Thermoplastkomponenten als Matrix die noch festen oder nur erweichten Partikel umhüllen. Die Feinstzerkleinerung erfordert einen mehrstufigen Mahlprozeß einschließlich Kaltmahlung. Der sehr hohe Energie- und Investitionsaufwand sowie die Entmischung an den Phasengrenzen sind entscheidende Argumente gegen diese Variante.
2. Grobzerkleinerung der Abfallgemische und Verarbeitung bei so weit erhöhter Temperatur, daß alle thermoplastischen Anteile in den Schmelzezustand übergehen, wobei über geeignete Stabilisatoren der Zersetzung begegnet werden müßte. Die Erfolgsaussichten für den Erhalt einer hochwertigen Thermoplastmischung sind wegen der schlechten Mischbarkeit der Komponenten und der

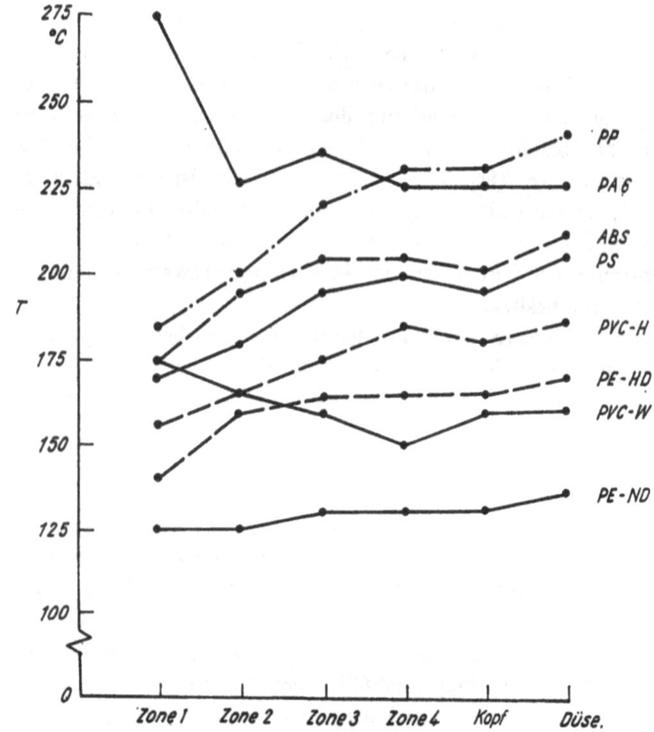

Abb. 2 Empfohlene Temperaturbereiche (± 5 °C) für Extrusion von Primär-Thermoplasten zu Rohr bzw. Profil (Beispiel nach [11])

Reste an nichtthermoplastischen Komponenten sehr skeptisch zu beurteilen, zumal die benötigten hochwirksamen Stabilisatoren nur begrenzt verfügbar sind.

3. Grobzerkleinerung der Abfallgemische und Regranulierung im Temperaturbereich unterhalb der PVC-Zersetzung mit Abscheiden nicht aufgeschmolzener Partikel über eine sehr leistungsfähige Schmelzefiltration. Die Qualität des Thermoplastwerkstoffes, der von allem aus Polyethylen und PVC bestehen wird, dürfte für Anwendungsgebiete mit niedrigen Qualitätsansprüchen ausreichend sein. Daneben entstehen aber erneut größere Mengen an ausgeschiedenen, nicht nutzbaren Plastabfällen.
4. Grobzerkleinerung der Abfallgemische und Verpressen bzw. Verschäumen zu Formkörpern mit ausgeprägter Materialinhomogenität, die für ausgewählte Einsatzgebiete (Dämmplatten u. a.) geeignet sind. Diese Richtung wird gegenwärtig auch in der DDR als besonderes aussichtsreich eingeschätzt.
5. Nutzung grobzerkleinerter Abfallgemische als geschäumte Kernkomponente in dickwandigen Formkörpern, die über das Mehrkomponenten-Spritzgießverfahren bzw. eine entsprechende Extrusionsvariante mit einem Mantel aus Primär-

material oder sortenreinem Sekundärthermoplast umhüllt wird. Auch in dieser Richtung sind nach Verfügbarkeit geeigneter Verarbeitungsmaschinen weitere Fortschritte zu erwarten.

6. Sortentrennung des Abfallgemisches vor der Verarbeitung über den Schmelzezustand, insbesondere über pneumatische und hydraulische Verfahren mit Ausnutzung von Dichteunterschieden, Flotation, Extraktion, Trennung mit Hilfe von Schmelzwalzen oder Hochspannungs-Walzenabscheidung [2]. Diese Verfahren sind mit größerem technischen Aufwand verbunden, so daß sie nur schrittweise auf Teilgebieten nutzbar sind. Auch ist zu berücksichtigen, daß meist keine absolute Sortenreinheit erreichbar ist.

In den letzten Jahren wurde international der Entwicklung von Verfahren zur Abtrennung stoffwirtschaftlich verwertbarer Sekundärrohstoffe, darunter Plastabfällen, aus dem kommunalen Müll große Aufmerksamkeit geschenkt [2]. Die verfahrenstechnische Lösung ist durch die großen zeitlichen und regionalen Schwankungen sowie wegen des prozentual geringen Anteils der Plastabfälle am Müll im Bereich zwischen 1 bis 5 Masse-% außerordentlich schwierig. Obwohl in den kapitalistischen Industrieländern die Erfolgsaussichten für komplexe Müllaufbereitungsanlagen sehr positiv eingeschätzt werden, ist unter den speziellen Bedingungen der DDR bei nüchterner Einschätzung in der näheren Zukunft noch keine umfangreiche Gewinnung von Plastabfällen über die Müllaufbereitung zu erwarten. Perspektivisch wird aber vor allem aus ökologischen Gründen die schadlose Beseitigung von Siedlungsmüll neue Lösungen erfordern.

Zunächst ist zu prüfen, ob die gezielte Erfassung von Plastabfällen aus Haushalten über den Altstoffhandel realisiert werden kann, woraus sich eine Reduzierung des Plastanteils im Siedlungsmüll ergibt. In einem Großversuch im Territorium der Stadt Merseburg [5] sammelten Jugendliche kürzlich innerhalb eines Monates aus rund 2000 Haushalten etwa 1000 kg Sekundärplaste, die sich wie folgt zusammensetzten (Tab. 3).

Diese Zusammensetzung ist natürlich starken Schwankungen unterworfen. Großen Einfluß auf die reale Aufkommenstruktur wird die künftige Erfassungsorganisation besitzen, die zunächst noch ungelöst ist. Die Autoren dieses Versuches schlagen vor, in einer ersten Etappe ausgewählte Verpackungen, z. B. Flaschen aus Polyethylen, relativ sortenrein über den Altstoffhandel analog zur Verfahrensweise bei Behälterglas zu erfassen. Über die konsequente Standardisierung von Form- und Farbgebung der Plastverpackungen läßt sich die Treffsicherheit der manuellen Sortierung positiv beeinflussen. In einer zweiten Etappe wäre dann über den Altstoffhandel die Erfassung von gemischten Abfällen analog zur Verfahrensweise bei metallischem Schrott zu organisieren. Für die Realisierung dieser Erfassungsstrategie ist aber der Ausbau des Altstoffhandels unumgänglich, wobei die aktuelle Arbeitskräftesituation der schnellen Umsetzung dieses Vorschlages entgegensteht. Auch auf längere Sicht ist eine breite Umsetzung vornehmlich dieser zweiten Etappe sehr fraglich, da der hohe Erfassungs-,Transport- und Aufbereitungsaufwand in einer ungünstigen Relation zum volkswirtschaftlichen Nutzen steht.

Tabelle 3 Zusammensetzung von Sekundärplasten aus Haushalten nach einem Großversuch in Merseburg [5]

Plastart	%
Polyolefine	57,1
Polyvinylchlorid	20,9
Polystyren	15,0
Sonstige	7,0
(darunter Duroplaste	3,9)
Formkörperart	**%**
Flaschen	31,3
(davon aus Polyolefinen	28,9)
Haushaltartikel	14,4
Spielzeug, Sportgeräte	10,7
Dosen, Becher, Verschlüsse	11,7
Kisten, Kästen	12,5
Dachrinnen, Rohre	7,5
Fußbodenbelag	2,6
Folien (nur ausgewählte Sorten)	0,7
Sonstige Artikel	8,6
(davon Duroplaste	3,9)

4. *Stoffwirtschaftliche und energetische Nutzung vonPlastabfällen über Abbauprozesse*

Neben der Entwicklung der verschiedenen Möglichkeiten der thermoplastischen Aufbereitung laufen besonders in Japan, in der BRD, in den USA und auf Teilgebieten auch in einigen Instituten des Forschungsbereiches Chemie unserer Akademie Grundlagenarbeiten zur Gewinnung von chemischen Zwischenprodukten bzw. Grundstoffen aus Plastabfallgemischen oder ausgewählten Plast- und Elastarten. Sie befassen sich vor allem mit den Möglichkeiten und Problemen der Hydrolyse und Pyrolyse sowie mit dem enzymatischen Abbau. Einen Überblick hierzu geben z. B. Frommelt in [1] sowie der Literaturbericht des WIZ der AdW [2].

Diese stoffwirtschaftlich orientierten Verfahren haben für Abfälle hochwertiger Plastwerkstoffe wachsende Bedeutung, bei denen die thermoplastische Aufbereitung und erneute Formgebung des Sekundärwerkstoffes aus qualitativen oder ökonomischen Gründen unzweckmäßig bzw. nicht möglich ist. Durch gezielten Abbau der Makromoleküle in Kombination mit chemischen Umwandlungen werden bereits in einigen Fällen wertvolle Spezialprodukte gewonnen (z. B. Schmelzkleber aus Polyethylenterephthalat, Tenside aus Polytetrafluorethylen). Über Hydrolyse von Polyurethanen oder Polyestern sind niedermolekulare oder oligomere Zwischenprodukte herstellbar, die sich als Verschnittkomponente für Polyole zur PUR-Synthese eigenen würden [1]. Weniger aussichtsreich ist dagegen die Pyrolyse oder Hydrolyse für die Verwertung gemischter Plastabfälle. Hierbei entsteht ein breites Spektrum an Spaltprodukten (siehe Beispiele in [1]), die nur über aufwendige Trenn- und Reinigungsverfahren rationell verwendbar sind.

Die ausschließliche Nutzung des Heizwertes von Plastabfällen widerspricht dem Erfordernis der weitestmöglichen stoffwirtschaftlichen Verwertung von organischen Sekundärrohstoffen, zumal die bei der Verbrennung auftretenden Probleme häufig unterschätzt werden. Das betrifft unter anderem die Umweltbelastung und Korrosion durch Chlorwasserstoff aus PVC, die Versottung von Feuerungsanlagen bzw. ihre vorzeitige Zerstörung durch die hohen Verbrennungstemperaturen.

5. Nutzung von Plastabfällen als Füllstoff

Als dritter Hauptweg neben der Aufbereitung über Thermoplastformgebungsverfahren und den gesteuerten Abbauprozessen ist die Nutzung von Plastabfällen als Füllstoff in den verschiedensten Einsatzbereichen zu nennen. So wurden in verschiedenen Ländern eine Reihe von Anwendungsmöglichkeiten der nichtplastgerechten Wiederverwendung erschlossen, die vor allem durch die Verschärfung des Umweltschutzes motiviert waren.
Beispiele hierfür sind (siehe z. B. [2])

- der Einsatz von zerkleinerten voluminösen Plastabfällen wie Schaumpolystyren oder auch Alttextilien in der Landwirtschaft und im Gartenbau als Bodenverbesserungsmittel für schwere Böden bzw. Kompostierhilfsmittel sowie für Meliorationszwecke;
- die Verwendung von voluminösen Abfällen einschl. Alttextilien für die Befestigung und Drainage von Straßenunterbauten, den Schutz von ins Erdreich verlegten Installationen usw.;
- die Nutzung zerkleinerter gemischter Abfälle, vorwiegend Schäume und Teppichreste, als schüttfähiges oder mittels Harzbindern zu Matten verformtes Dämmaterial für das Bauwesen zur Wärme- und Schallisolation sowie für Verpackungszwecke.

Eine Reihe derartiger Nutzungsmöglichkeiten wird auch in der Zukunft seine Berechtigung haben, allerdings sollten dafür nur solche Plastabfälle bzw. Sekundärrohstoffe freigegeben werden, für die auf längere Sicht keine effektivere Verwertung möglich ist. Dazu gehören stark vermischte und verunreinigte Plastabfälle sowie Alttextilien. Keineswegs dürfen hierfür sortenreine und wenig verschmutzte Plastabfallarten verwendet werden, z. B. Schäume aus Polyurethan oder Polystyren. Diese hochwertigen Abfallarten eignen sich z. T. unter Nutzung ihrer Schaumstruktur nach einsatzgerechter Grobzerkleinerung für Polsterzwecke, auch in Form eines Füllstoffs in einer die Flocken bindenden Matrix aus Primärmaterial [4].

In unserer Abteilung Thermoplastverarbeitung des Instituts für Technologie der Fasern erarbeiten wir seit 1978 technologische Grundlagen zur Verwertung kurzfasriger und pulverförmiger organischer Sekundärrohstoffe als Füll- und Verstärkungsmaterial für Thermoplaste, vorzugsweise für Polyolefine und PVC [12].

International steht die Verstärkung der organischen Matrix mit Glas- und Kohlenstoff-Faserstoffen sowie die Zugabe anorganischer Füllstoffe im Vordergrund. In der DDR ist wegen der begrenzten Produktionskapazität für Glasfaserstoffe bzw. Aufbereitungs- und Einarbeitungskapazität für mineralische Füllstoffe sowie wegen der notwendigen Importeinschränkungen für spezielle Verstärkungsfasern der Anteil gefüllter und verstärkter Thermoplaste noch zu niedrig. Außerdem führen mineralische Füllstoffe und Glasfasern zu einem erhöhten Verschleiß, was den Einsatz hochvergüteter Oberflächen in den Verarbeitungs- und Formgebungsaggregaten erfordert, die gegenwärtig nur zum Teil aus eigener Produktion verfügbar sind. Diese Tatsachen sprechen dafür, die Möglichkeiten der Einlagerung von organischen Sekundärrohstoffen in Thermoplaste zu prüfen, um auf diesem Wege auch neuartige Varianten für den langfristig konzipierten Zuwachs bei gefüllten und verstärkten Thermoplasten in der DDR zu erschließen. Tabelle 4 enthält eine Auswahl der hierfür untersuchten Abprodukte, die gegenwärtig zum großen Teil durch unkontrollierte Deponie oder durch Verbrennung verlorengehen bzw. aus der Sicht des Umweltschutzes zum Probleme werden.

Tabelle 4 Organische Sekundärrohstoffe als Einlagerungskomponente für Thermoplaste

- Duroplastabfälle (Sägemehl, zerkleinerte Stücke)
  - Hartgewebe (Phenolharz + Cellulosefasergewebe)
  - Hartpapier (Phenolharz + Papier)
  - Sprelacart (Phenol- u. Melaminharz + Papier)
  - GUP (glasfaserverstärkte ungesättigte Polyester)
  - Phenolharz – Preßmassen
  - Melaminharz – Preßmassen
- textile Sekundärrohstoffe
  - Cellulosefasern mit PVC-Weich-Resten aus der Separierung von Kunstlederrandstreifen
  - Baumwoll-Scherstaub aus der mechanischen Textilveredlung (Velourartikel)
  - Mahlflock aus Viskosefasertextilien
  - zerkleinerte gemischte Alttextilien
  - Polyamid- u. Polyesterpulver aus Alttextilien
- Abfälle aus der holzverarbeitenden Industrie
- plastbeschichtetes Papier

u. a.

Die Fachliteratur läßt erkennen, daß auch international das Interesse an der Nutzung organischer Sekundärrohstoffe als Modifizierungskomponente für Thermoplaste anwächst, da hiervon neben materialökonomischen Effekten einige Vorteile gegenüber anorganischen Einlagerungskomponenten erwartet werden. Das betrifft vor allem die relativ niedrige Rohdichte der organischen Füllstoffe, die überwiegend im Bereich unter 1,5 g/cm^3 liegt, während Kreide, Talkum, Asbest und Glasfaserstoffe Werte zwischen 2,1 bis 2,8 g/cm^3 aufweisen. Im Verbund mit Thermoplasten (PVC—H 1,36 g/cm^3, PE—HD 0,94 bis 0,96 g/cm^3) steigt durch organische Füllstoffe die Dichte wesentlich weniger an als bei den anorganischen Einlagerungskomponenten. Bei gleichen Masseanteilen Füllstoff wird folglich eine wesentlich größere Volumenausbeute mit den organischen Einlagerungskomponenten erreicht, was sich günstig auf das Volumen-Preis-Verhältnis auswirkt. Hinzu kommen Vorteile im Hinblick auf die geringere abrasive Wirkung der organischen Füllstoffe gegenüber Stahl. Für Holzmehl bzw. Nußschalenmehl als Füllstoffe für besonders PVC und PO wurden in Schweden, USA, Italien und Japan erste industriell nutzbare Verfahren entwickelt.

Die Verarbeitung derartiger Stoffsysteme, vorzugsweise über Extrusion und Spritzguß mit einem Füllstoffanteil von 20 bis 30 Masse-%, ist wesentlich komplizierter als bei reinem Thermoplasten. Nachfolgend sollen einige Probleme aufgezählt werden, an deren Lösung gemeinsam mit dem Maschinenbau und der plastverarbeitenden Industrie gearbeitet wird:

- Durch die begrenzte, aber im Normalfall ausreichende thermische Stabilität kann eine Pyrolyse oder Hydrolyse bei zu hohen Verarbeitungstemperaturen und zu langen Verweilzeiten in der heißen Schmelze nicht ausgeschlossen werden.
- Die hohe Feuchteaufnahme (z. B. bei Cellulose) erfordert eine Trocknung vor oder während der Verarbeitung, insbesondere über Vakuumtrichter oder Entgasung im Zylinder.
- Wegen der morphologischen und stofflichen Uneinheitlichkeit einschließlich Verschmutzung und teilweise störender Eigenfarbe kommt der vorrangigen Verwertung für technische Einsatzgebiete besondere Bedeutung zu.
- Stückige Abfälle erfordern energieintensive Aufbereitungsverfahren. Leider hat der Zerkleinerungsmaschinenbau in der DDR einen erheblichen Rückstand gegenüber dem internationalen Niveau. In der ersten Etappe ist deshalb die Verwertung von kleiner als 0,4 mm anfallenden Sägemehlfraktionen bzw. bis 5 mm langer Faserabfälle vorteilhaft.
- Die schlechte Rieselfähigkeit und geringe Schüttdichte besonders der Fasern zwingt zur Entwicklung von speziellen Stopfeinrichtungen für die Beschickung der Verarbeitungsmaschinen.
- Mischungen mit Granulat führen meist zum Entmischen, deshalb sind Pulvermischungen vorteilhafter.
- Zu klären ist die Notwendigkeit des Einsatzes sogenannter Verträglichkeitsvermittler unter Beachtung des Aufwand-Nutzen-Verhältnisses.
- Füllstoffe verschlechtern meist die Fließfähigkeit der Schmelze, deshalb ist die richtige Auswahl der Matrix oder Zugabe von Fließmitteln ein wesentliches Anliegen der Rezepturoptimierung unter Nutzung rheologischer Methoden.

Bezüglich des erreichbaren Eigenschaftsbildes derartiger Verbundwerkstoffe ist

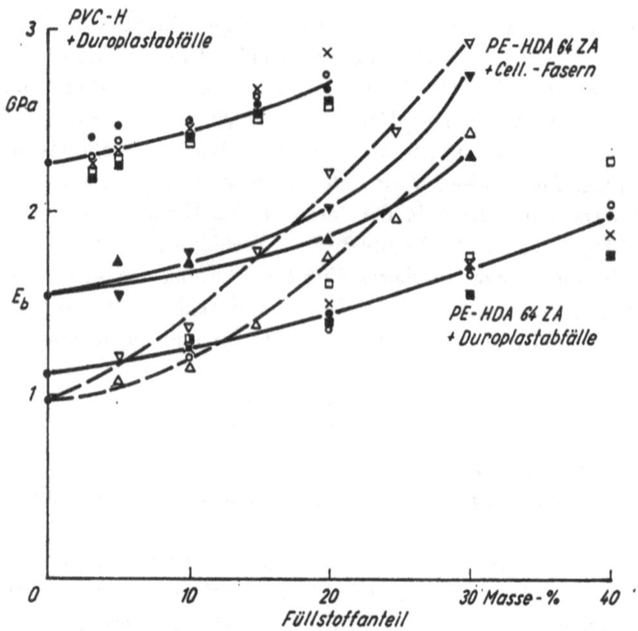

Abb. 3 Elastizitätsmodul aus dem Biegeversuch für ausgewählte Thermoplastverbunde, bestimmt an gepreßten Platten (ausgezogene Linien) und gespritzten Prüfkörpern (gestrichelte Linien)

× Hartpapierabfälle
● Hartgewebeabfälle
○ Sprelacartabfälle
□ Phenolharz-Preßmassenabfälle
■ Melaminharz-Preßmassenabfälle
△ Baumwoll-Scherstaub (gespritzt)
▲ Baumwoll-Scherstaub (gepreßt)
▽ Cellulosefasern aus Kunstlederrandstreifen (gespritzt)
▼ Cellulosefasern aus Kunstlederrandstreifen (gepreßt)

vor allem die Verbesserung der Steifigkeit durch Füllstoffe herauszustellen, woraus eine verminderte Durchbiegung resultiert. Mit steigendem Füllstoffgehalt besitzen die Verbundwerkstoffe mehr oder weniger ausgeprägt den Charakter von spröden bzw. zähen Werkstoffen mit verminderter Dehnung und steilerem Kurvenverlauf in der Anfangsphase des Spannungs-Dehnungs-Diagramms, der zu einem höheren Elastizitätsmodul führt. Besonders deutlich ist diese Versteifung mit dem Biegeversuch nachweisbar.

Abbildung 3 zeigt die Erhöhung des Elastizitätsmoduls aus dem Biegeversuch (E_b) für eine PVC-Hart-Rezeptur und ein pulverförmiges Polyethylen hoher Dichte (PE—HD) durch Zugabe verschiedener Arten von Duroplastsägemehl (Hartgewebe, Hartpapier, Sprelacart, Melamin- und Phenolharzpreßmassen) bzw. kurze Celluloseabfallfasern (CT4-Fasern aus der Aufbereitung von Kunstlederabfällen bzw. Baumwoll-Velourstaub), ermittelt an Prüfstäben aus gepreßten Platten (ausgezogene Linien) und im Falle der Fasern auch an gespritzten Prüfkörpern (gestrichelte Linien). Durch die Anisotropie der Werkstoffeigenschaften infolge Faserausrichtung beim Spritzguß wird in der Längsrichtung des Prüfstabes ein besonders großer Versteifungseffekt erreicht.

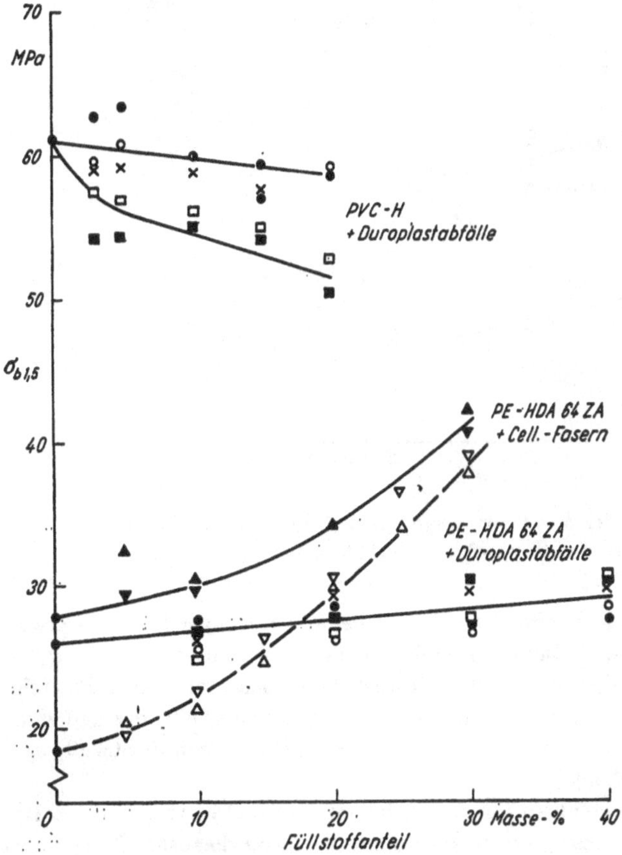

Abb. 4 Grenzbiegefestigkeit von ausgewählten Thermoplastverbunden mit organischen Sekundärrohstoffen (Kurzzeichen wie Abb. 3)

Die Grenzbiegefestigkeit (Abb. 4). bei 1,5facher Durchbiegung (um 6 mm, bezogen auf den 4 mm dicken Prüfstab) verhält sich bei den Verbunden mit PE—HD analog zum E_b-Modul. Lediglich bei dem von vornherein sehr steifen PVC-Hart bleibt der Ausgangswert im wesentlichen auf dem gleichen Niveau, insbesondere bei den faserhaltigen Schichtpreßstoffabfällen (Hartgewebe, Hartpapier, Sprelacart), bzw. sinkt etwas ab durch Einlagerung der faserfreien Preßmassenabfälle.

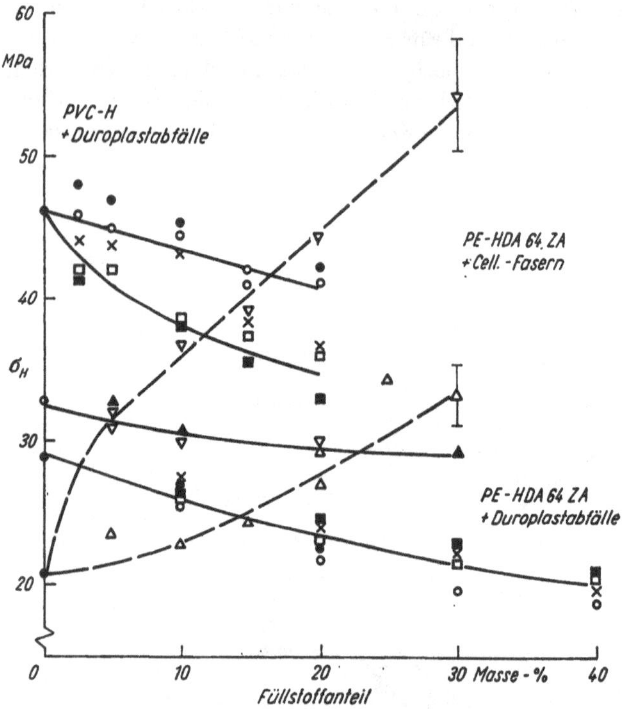

Abb. 5 Zugfestigkeit an der Streckgrenze von ausgewählten Thermoplastverbunden mit organischen Sekundärrohstoffen (Kurzzeichen wie Abb. 3)

Die Zugfestigkeit (Abb. 5) nimmt durch Zugabe pulverförmiger Füllstoffe erwartungsgemäß ab, was jedoch für die Applikation dieser Verbundwerkstoffe in den meisten Fällen noch keine wesentliche Einschränkung bedeutet. Durch Fasereinlagerung wird das Ausgangsniveau des Matrixmaterials im Falle der gepreßten Platten weniger verändert bzw. wegen der Faserorientieung beim Spritzguß sogar zum Teil beträchtlich erhöht.

Wie bei nahezu allen gefüllten Polymerverbunden verschlechtert sich die Schlagbiegefestigkeit, da der beanspruchte Querschnitt bei Schlagbeanspruchung durch die Füllstoffeinlagerung geschwächt wird. Erfreulich ist dagegen die positive Wirkung auf die Kerbschlagbiegefestigkeit spröder Thermoplastarten (Abb. 6), die

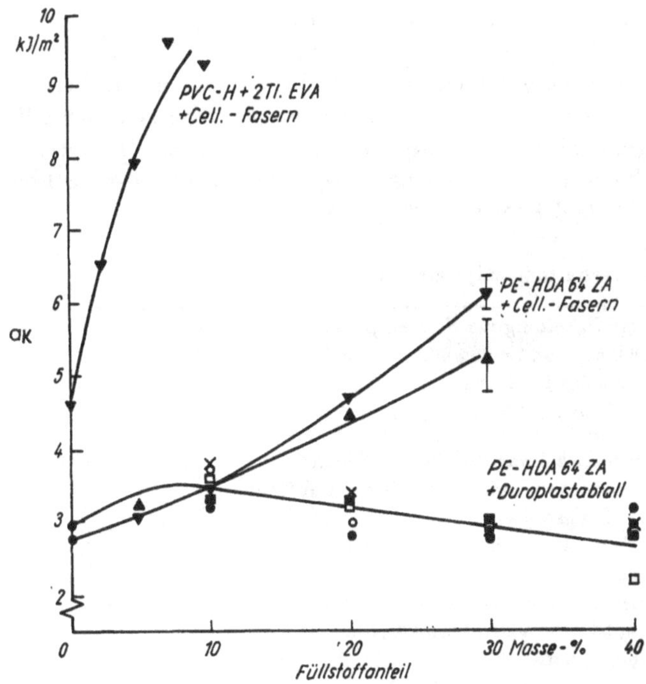

Abb. 6 Kerbschlagbiegefestigkeit von ausgewählten Thermoplastverbunden mit organischen Sekundärrohstoffen (Kurzzeichen wie Abb. 3)

durch pulverförmige Füllstoffe bis zu 10% leicht erhöht wird und danach etwa auf dem Ausgangsniveau bleibt. Durch Fasereinlagerung sind deutliche Verbesserungen möglich. Wir erklären uns diesen Widerspruch zwischen Kerbschlag- und Schlagbiegefestigkeit so, daß von der Kerbe als größter Schwachstelle der Riß ausgeht und daß durch Fasereinlagerung das Weiterlaufen von Rissen über Krafteinleitung in die Matrix behindert wird. In Kombination mit geringen Anteilen von Ethylen-Vinylacetat-Copolymeren (EVA) oder anderen elastischen Komponenten sind hier über Rezepturoptimierung weitere Verbesserungen denkbar.

Zusammenfassend ergibt sich, daß Duroplastabfälle und Abfallfasern nicht nur Füllstoffe zum Strecken der Thermoplaste darstellen, sondern auch im Bereich von 20 bis 30 Masse-% interessante Eigenschaftsverbesserungen von PE—HD und PVC—H sowie ökonomische Vorteile bringen. Eine weitere systematische Untersuchung ihres Einsatzes als Zuschlagstoffe für Thermoplaste — und in einer weiteren Etappe auch für Sekundärthermoplaste — bis hin zu produktionsreifen Beispiellösungen ist deshalb sinnvoll.

6. *Schlußfolgerungen zur Verwertung polymerer Sekundärrohstoffe*

Abschließend wird ein Vorschlag für eine allgemeine Konzeption zur Verwertung polymerer Sekundärrohstoffe zur Diskussion gestellt, der dazu beitragen soll, unter Berücksichtigung der behandelten Möglichkeiten und Probleme der Nutzung von Plastabfällen im Sinne einer Verwertungsstrategie den zweckmäßigsten Einsatz der verschiedenen Plastabfallarten zu sichern (Tab. 5).

Tabelle 5 Rangfolge der Verwertung polymerer Sekundärrohstoffe

I. Prinzip der weitgehenden Erhaltung des Formkörpers
0. Erhöhung der Lebensdauer von Erzeugnissen sowie der Werkstoffausnutzung bei der Produktion
1. Nachfolgenutzung von Teilen des Formkörpers

II. Prinzip der weitgehenden Erhaltung der Werkstoffqualität
2. Unmittelbare Rückführung von sauberen Produktionsabfällen in den gleichen Formgebungsprozeß
3. Verwertung sauberer Produktionsabfälle in anderen Formgebungsprozessen
4. Verarbeitung sortenreiner, weitgehend sauberer Abfälle aus der Konsumtionssphäre zu neuen Formkörpern
5. Verarbeitung sortenreiner, teilweise verschmutzter Abfälle zu neuen Formkörpern ohne aufwendige Reinigungsprozesse
6. Reinigen verschmutzter, sortierter Abfälle vor Weiterverarbeitung zu neuen Formkörpern
7. Verarbeitung vermischter, weitgehend sauberer Abfälle zu neuen Formkörpern ohne aufwendige Reinigungsprozesse
8. Geordnete Deponie für eine langfristige Nutzung
9. Separieren von polymeren Sekundärrohstoffen aus dem Siedlungsmüll vor Verwertung gemäß 6. und 7.

III. Prinzip der Stoffumwandlung über Abbauprozesse
10. Gewinnung organischer Zwischenprodukte
11. Gewinnung chemischer Grundstoffe
12. Energiegewinnung

Die möglichen Varianten sind nach einer Rangfolge geordnet, die mit dem geringsten volkswirtschaftlichen Gesamtaufwand beginnt. Zugleich kann eine Gruppenbildung vorgenommen werden, wobei das Prinzip der weitgehenden Erhaltung des Formkörpers vor dem Prinzip der weitgehenden Erhaltung der Werkstoffeigenschaften und dieses wiederum vor dem Prinzip der Stoffumwandlung über Abbauprozesse steht.

Zum Prinzip der weitgehenden Erhaltung des Formkörpers bzw. weitgehenden Vermeidung von Abfällen gehört zunächst, daß alle Möglichkeiten zur Erhöhung der Lebensdauer von Erzeugnissen sowie der Werkstoffausnutzung bei der Formkörperherstellung voll ausgeschöpft werden. Diesem Grundanliegen der optimalen Verwertung von Primärrohstoffen dient die schrittweise Qualitätsverbesserung der verfügbaren Plastwerkstofftypen und Verarbeitungshilfsmittel zur Verlangsamung der natürlichen Alterungsprozesse. Großen Einfluß auf die Lebensdauer der Erzeugnisse besitzen aber auch die optimale Werkstoffauswahl und applikationsgerechte Konstruktion der Formkörper. Die noch vorhandenen Rudimente der „Wegwerfideologie", die nicht zuletzt durch die früher sehr leicht verfügbaren und preisgünstigen Polymerwerkstoffe gefördert wurde, sind schrittweise durch volkswirtschaftlich zweckmäßigere Lösungen zu ersetzen.

Durch Nachfolgenutzung von Formkörperteilen für einen neuen Verwendungszweck, z. B. im Sinne der Zerkleinerung von Zuschnittabfällen bei der Herstellung bzw. Verarbeitung von Plastschäumen für den anschließenden Einsatz als voluminöses Polster- oder Isolationsmaterial, der Verwertung von textilen Sekundärrohstoffen nicht nur über die Herstellung von Reißfasern, sondern auch als Verstärkungsmaterial in Verbundwerkstoffen, kann der im ursprünglichen Formkörper repräsentierte Energie- und Arbeitsaufwand weitgehend für das Erreichen eines neuen Gebrauchswertes genutzt werden.

Das Hauptfeld der Wiederverwendung von Plastabfällen umfaßt die dem Prinzip II zugeordneten Varianten, bei denen zwar die ursprüngliche Gestalt des Formkörpers verlorengeht, jedoch die Werkstoffeigenschaften weitgehend erhalten bleiben.

Die unmittelbare Rückführung von sauberen thermoplastischen Produktionsabfällen in den gleichen Formgebungsprozeß oder in andere Verarbeitungsprozesse zur Herstellung von Formkörpern mit geringeren Qualitätsansprüchen (Punkte 2 und 3) ist bereits weitgehend in der Praxis üblich. Bei Duroplastabfällen ergeben sich über den Füllstoffeinsatz neue Möglichkeiten, die von der plastverarbeitenden Industrie in den nächsten Jahren schrittweise genutzt werden müssen. Auch hinsichtlich der Verarbeitung sortenreiner, weitgehend sauberer Thermoplastabfälle aus der Sphäre der gesellschaftlichen und individuellen Konsumtion (Punkt 4) sind in erster Linie Erfassungs- und Investitionsprobleme als Voraussetzung für eine schrittweise Verbesserung des Verwertungsgrades zu lösen. Bei den stärker verschmutzten Abfällen (Punkt 5) sind beschleunigt anwendungstechnische Untersuchungen notwendig, um Klarheit über die Auswirkungen der Verschmutzung auf das Qualitätsniveau und den Maschinenverschleiß zu erhalten. Danach ist über zweckmäßige Einsatzgebiete für diese Sekundärthermoplaste zu entscheiden oder alternativ hierzu die Entwicklung von Reinigungsanlagen mit minimiertem Energiebedarf (Punkt 6) voranzutreiben.

Die Verarbeitung vermischter, weitgehend sauberer Abfälle bleibt zunächst ein Problem, für dessen Bewältigung von der Grundlagenforschung neue Lösungen gefunden werden müssen, da die Herstellung minderwertiger Erzeugnisse höchstens für ausgewählte Einsatzgebiete als Zwischenetappe akzeptabel ist. Einige Ansatzpunkte hierfür wurden im Abschnitt 3.3. genannt. Besonderes Augenmerk muß dabei auf die Minimierung des Energieaufwandes für Transport-, Zerkleinerungs-,

Sortier- und Formgebungsprozesse gerichtet werden, damit ein positives Verhältnis zwischen Aufwand und Nutzen garantiert ist.

Zur Zeit noch nicht verwertbare Plastabfallarten sind als Reserve für eine künftige Nutzung in geordneten Deponien zu sammeln (Punkt 8). Das Separieren von polymeren Sekundärrohstoffen aus dem Siedlungsmüll mittels Großanlagen zur Müllaufbereitung (Punkt 9) wird für die DDR noch auf längere Sicht keine Bedeutung besitzen.

Die Rangfolge des Prinzips der Stoffumwandlung über Abbauprozesse wird gegenwärtig von verschiedenen Fachkollegen unterschiedlich eingeordnet. Wir schließen uns der Auffassung an, daß die Gewinnung organischer Zwischenprodukte für einige Arten von hochwertigen Polymerabfällen durchaus größere Bedeutung erhalten kann, insbesondere bezüglich des Polyurethans und der Altreifen. Aber hinsichtlich der Verwertung aller Plastabfallarten, insbesondere auch der vermischten Abfälle, sind sie zu den Verfahren des Prinzips II mit Erhaltung der Werkstoffeigenschaften keine generelle Alternative. Die Verbrennung der Polymerabfälle zur Energiegewinnung ist nicht nur mit einer Reihe von technischen und Umweltproblemen verbunden, sondern auch aus stoffwirtschaftlicher Sicht unzweckmäßig.

Literatur

[1] Frommelt, H.: Sekundäreinsatz von Plasten und Elasten, Wissenschaft und Fortschritt **30** (1980) 1, S. 5—9.

[2] Pomrehm, H., Reissner, A., Rodegast, M.: Literaturbericht Nutzung von Sekundärrohstoffen. I. Verwertung von Plasten und Altreifen, Wiss. Informationszentrum der AdW der DDR, Berlin 1978.

[3] Kampffmeyer: Die Perspektivaufgaben in der DDR bei der Wiederverwendung von Thermoplastabfällen. Vortrag zur Fachtagung „Nutzung polymerer Sekundärrohstoffe", Halle, 4./5. 11. 80.

[4] Autorenkollektiv: Thermoplastische Sekundärrohstoffe, Schriftenreihe „Materialökonomie" des IfL Dresden, Heft 31, (1980).

[5] Donnert, H.-J., Starke, L.: Untersuchungen zum Anfall und zur Erfassung von Sekundärplasten aus der Konsumtionssphäre, Plaste und Kautschuk **27** (1980) 4, S. 203—206.

[6] Kreuziger, K., Lubisch, H.-J.: Aufkommen und Probleme bei der Nutzung duroplastischer Abfälle, Plaste und Kautschuk **27** (1980) 1, S. 47—49.

[7] Starke, L.: Sekundärrohstoffe, Erfassung, Aufbereitung und Einsatz, Vortrag im VEB Kunststoffverarbeitungsindustrie Sebnitz am 29. 1. 1981.

[8] Caspar, R., Morbitzer, L.: Struktur und Eigenschaften von Mehrphasenkunststoffen, Angewandte makromolekulare Chemie **58/59** (1977) S. 1—35.

[9] Schmitt, B. J.: Polymerlegierungen — Struktur, Morphologie, Eigenschaften, Angew. Chem. **91** (1979) 4, S. 286—309.

[10] Drechsel, W., Kahmann, L.: Einige Aspekte der Wiederverwendug von Thermoplastabfallgemischen, Plaste und Kautschuk **21** (1974) 8, S. 578—582.

[11] SCHAAF, W., HAHNEMANN, A.: Verarbeitung von Plasten, VEB Deutscher Verlag für Grundstoffindustrie, Leipzig 1970.
[12] MIKUT, R., HAUDEL, G., ULLMANN, A., SCHULZE, J.: Organische Sekundärrohstoffe als Füllstoff für Thermoplaste, Sammelband Vorträge der 8. wiss.-techn. Tagung „Verstärkte Plaste '80", 20./21. 3. 1980, Dresden (Hrsg. FV Chemische Technik der KDT).

ISSN 0138–3956

MIX
Papier | Fördert gute Waldnutzung
FSC® C083411

Zeitfracht Medien GmbH
Ferdinand-Jühlke-Straße 7
99095 Erfurt, Deutschland
produktsicherheit@kolibri360.de